大模型开发与应用系列

U0685777

DeepSeek
零基础实战

辛泓睿 朱宁◎编著

LARGE
MODELS

人民邮电出版社

北　京

图书在版编目（CIP）数据

DeepSeek 零基础实战 / 辛泓睿，朱宁编著. -- 北京：
人民邮电出版社，2025. --（大模型开发与应用系列）.
ISBN 978-7-115-66983-4

Ⅰ．TP18

中国国家版本馆 CIP 数据核字第 2025RA2648 号

内 容 提 要

本书系统解析 DeepSeek 大模型的技术架构与应用生态，构建"技术认知—环境搭建—领域攻坚"三维能力体系。第 1 部分从人工智能技术演进切入，剖析深度学习、Transformer 架构及大模型革命的技术哲学，详解开发环境配置、API 调用与智能系统构建方法论；第 2 部分聚焦 6 大核心场景，覆盖智能办公、数据可视化、数字内容生产、教育创新等领域，通过 20 余个工业级案例拆解模型工程化实践，构建了"环境验证矩阵""智能工作流"等实战框架。全书创新性地融入 Dify 驱动的 AI Agent 开发范式，提供从思维导图生成到金融风控系统的全链路解决方案，完整呈现了大模型从理论到产业落地的技术闭环。

本书适合作为高等院校、高等职业院校人工智能相关课程的教材，也可供大模型技术入门者、开发工程师、行业实践者、技术决策者参考使用。

◆ 编　著　辛泓睿　朱　宁

责任编辑　刘　博

责任印制　胡　南

◆ 人民邮电出版社出版发行　　北京市丰台区成寿寺路 11 号

邮编　100164　电子邮件　315@ptpress.com.cn

网址　https://www.ptpress.com.cn

北京市艺辉印刷有限公司印刷

◆ 开本：787×1092　1/16

印张：12.5　　　　　　　　　2025 年 6 月第 1 版

字数：295 千字　　　　　　　2025 年 6 月北京第 2 次印刷

定价：49.80 元

读者服务热线：(010)81055256　印装质量热线：(010)81055316

反盗版热线：(010)81055315

前　　言

作为一名人工智能（Artifical Intelligence，AI）领域的从业者，我很高兴为读者介绍这本旨在引导读者从零基础到精通 DeepSeek 技术的综合技术指南。AI 正迅速改变我们的生活方式，而大语言模型（LLM）正是这一变革的核心。DeepSeek 作为一家中国 AI 公司，以其高效、低成本且开源的 LLM 脱颖而出，其技术不仅与 OpenAI、Google 等科技巨头竞争，还以更低的资源消耗实现了类似性能。

DeepSeek 的背景与意义

深度求索（DeepSeek）成立于 2023 年，总部位于杭州，由高飞对冲基金（高飞资本）支持。其模型如 DeepSeek-V3、DeepSeek-R1 等在推理速度和性能上领先开源模型，甚至与全球最先进的闭源模型（如 OpenAI 的 GPT-4o）相当。令人惊讶的是，DeepSeek 宣称其 V3 模型训练成本仅为 600 万美元，而 OpenAI 的 GPT-4 在 2023 年耗资 1 亿美元，DeepSeek-V3 计算资源仅为 Meta LLama 3.1 的十分之一。

DeepSeek 的开源策略使其模型可免费使用、修改和分发，促进了全球开发者与研究者的协作。例如，DeepSeek-R1 在 2025 年 1 月发布时宣布采用麻省理工学院许可证（MIT 许可证），由于 MIT 证可证对商业使用几乎不设置障碍，企业可以轻松将 Deep-Seek R1 集成到自己的产品或服务中，DeepSeek 的这一决定迅速引发广泛讨论；其 AI 助手在 iOS App Store 上曾超越 ChatGPT，成为最受欢迎的免费应用之一。

为什么选择 DeepSeek?

学习 DeepSeek 有以下优势。

（1）可访问性。开源模型和低成本训练方法使 AI 更便于学生、独立开发者和小企业使用。

（2）创新性。DeepSeek 的训练方法如大规模强化学习和奖励工程，代表 AI 发展的前沿（DeepSeek Innovations)。

（3）社区支持。开源项目社区吸引了活跃的开发者，提供大量协作和学习的机会。

（4）实际应用。模型可用于编程（如 DeepSeek Coder）、数学推理（如 DeepSeek-Math）和语言任务（如 DeepSeek-LLM），覆盖领域广泛。

本书特色

本书专为想要学习 AI 和 DeepSeek 的初学者设计，采用零基础方法，从基础到高级逐步引导。其特色如下。

（1）全面覆盖。从 AI 和机器学习基础到 DeepSeek 特定技术，内容全面。

（2）实践导向。每章包含实践练习和项目，如使用 DeepSeek 模型构建聊天机器人或生成代码，帮助读者将理论应用于实践。

（3）案例引导。复杂概念通过简单的例子和图表解释，确保易于理解。

（4）最新内容。反映 AI 和 DeepSeek 的最新发展，如 DeepSeek-V3 模型的推理速度突破。

限于时间和水平，书中难免存在疏漏之处，恳请各位专家和学者不吝赐教。

编者

2025 年 3 月

第 1 部分　DeepSeek 入门

第 2 部分　DeepSeek 在各领域的应用

第 3 章
DeepSeek 在办公与工具
软件中的应用——打造
智能办公新范式 ·················· 45

第 4 章
DeepSeek 在可视化思维
工具中的应用——构建
智能化的视觉逻辑体系 ·········· 72

第 5 章
DeepSeek 在海报和视频
中的应用——智能视觉
创作的工业革命 ·················· 89

目

录

3

第1部分
DeepSeek入门

第 1 章

DeepSeek 概览——打开 AI 世界的一扇窗口

一、从这里启程：和 AI 的第一次握手

人类文明的每一次技术革命都伴随着认知范式的颠覆。当我们的祖先用燧石敲出一簇火苗时，不会想到今天的工程师正在用代码点燃智能的圣火。在这个数据如潮涌、算法似星河的数字化纪元，人工智能（Artificial Intelligence，AI）已不再是科幻小说的专属词条，而成为重塑世界的底层力量。人工智能正以前所未有的速度重塑人类社会的生产与生活方式。从自动驾驶到智能诊疗，从代码生成到艺术创作，AI 技术已渗透到人类社会的每个创新领域。

当我们用语音唤醒手机助手时，当购物网站精准地推荐我们喜欢的商品时……这些看似普通的日常场景背后，正是人工智能在默默运转。就像百年前电力改变世界那样，AI 正在重塑我们的生活。DeepSeek 就像一个贴心的向导，带领零基础的我们，从认识一盏灯的开关开始，到最终学会设计整个照明系统。

二、本章学习地图：四步解锁核心认知

作为零基础的读者踏入 AI 世界的指南，本书将通过 DeepSeek 这一前沿技术载体，为我们揭开智能时代的神秘面纱。本章将用清晰、易懂的路径，带大家建立对 AI 和 DeepSeek 的基础理解。本章采用"认知（1.1 节）—技术（1.2 和 1.3 节）—应用（1.4 节）"三级学习法，具体如下。

（1）认知起点（1.1 节）。快速看懂人工智能发展简史——从"会下棋的机器"到"会创作的 AI"，关键突破点一目了然。

（2）技术基石（1.2 节）。用作蛋糕比喻机器学习和深度学习的区别，零基础的人也能秒懂神经网络。

（3）前沿热点（1.3 节）。揭秘 ChatGPT 背后的大模型技术，并介绍这为什么是 AI 领域的"蒸汽机级"革命的原因。

（4）工具入门（1.4 节）。引导读者了解 DeepSeek 的算法内核和模型矩阵，掌握智能工具箱背后的核心原理，为后续的实际操作和应用打下坚实的基础。

本章旨在为读者奠定理解 DeepSeek 技术的坚实基础。在深入探讨 DeepSeek 的具体功能之前，我们需要先了解支撑其发展的核心概念：人工智能（AI）、机器学习、深度学习和大模型。这些领域各有其历史、原理和应用，它们共同构成了现代 AI 技术的基础。

本章将逐步引导我们理解这些概念，确保我们能够全面理解 DeepSeek 如何利用这些技术提供创新的解决方案。到本章结束时，我们将具备足够的知识，以便为后续更深入和实用的内容学习做好准备。

1.1 人工智能概述

人工智能是计算机科学的一个分支，旨在使机器具备模拟、延伸和扩展人类智能的能力，其核心目标是开发能够执行需要人类智能的任务的系统，如感知、推理、学习和决策等。

▶▶▶ 1.1.1 人工智能发展历程

人工智能的演进史是一部人类认知边界的突破史。从最初的符号逻辑到今天的深度神经网络，AI 技术经历了多次范式转移。本节将以时间轴为主线，结合关键人物、技术突破与社会影响，系统梳理 AI 发展的四个阶段，具体的发展史如图 1.1 所示。

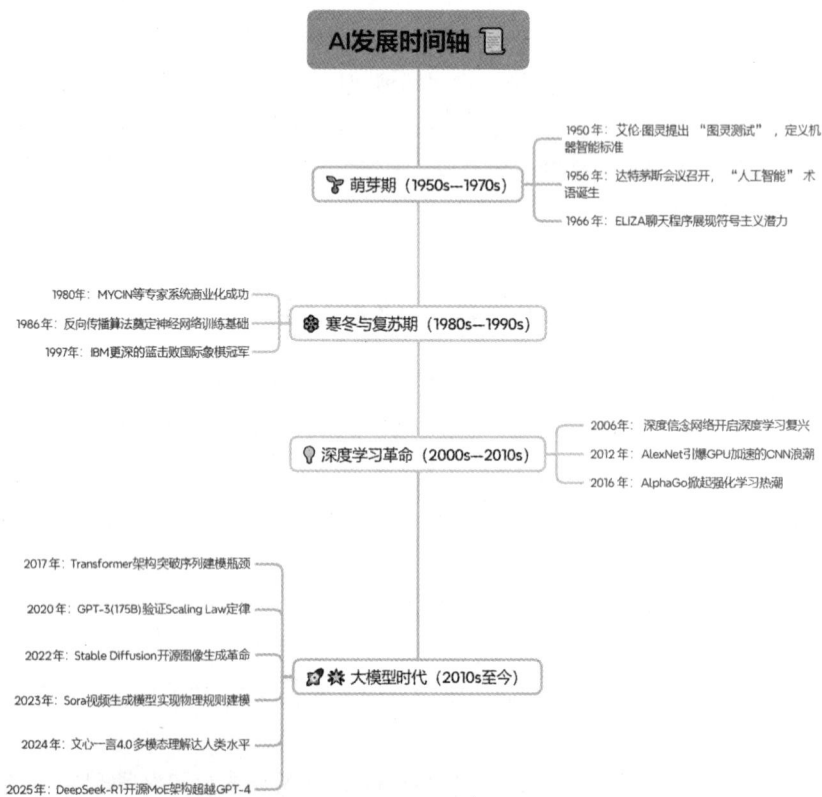

AI发展时间轴

萌芽期（1950s—1970s）
- 1950 年：艾伦图灵提出"图灵测试"，定义机器智能标准
- 1956 年：达特茅斯会议召开，"人工智能"术语诞生
- 1966 年：ELIZA聊天程序展现符号主义潜力

寒冬与复苏期（1980s—1990s）
- 1980 年：MYCIN等专家系统商业化成功
- 1986 年：反向传播算法奠定神经网络训练基础
- 1997 年：IBM更深的蓝击败国际象棋冠军

深度学习革命（2000s—2010s）
- 2006 年：深度信念网络开启深度学习复兴
- 2012 年：AlexNet引爆GPU加速的CNN浪潮
- 2016 年：AlphaGo掀起强化学习热潮

大模型时代（2010s至今）
- 2017 年：Transformer架构突破序列建模瓶颈
- 2020 年：GPT-3(175B)验证Scaling Law定律
- 2022 年：Stable Diffusion开源图像生成革命
- 2023 年：Sora视频生成模型实现物理规则建模
- 2024 年：文心一言4.0多模态理解达人类水平
- 2025 年：DeepSeek-R1开源MoE架构超越GPT-4

图 1.1　AI 发展史

1. 萌芽期（1950s—1970s）：符号主义的黄金时代

（1）理论基础奠基

① 1950 年。艾伦·图灵（Alan Turing）提出"图灵测试"，首次定义"机器智能"的判定标准，成为 AI 哲学的起点。

② 1956 年。达特茅斯会议（Dartmouth Conference）召开，约翰·麦卡锡（John McCarthy）等人首次提出"人工智能"术语，标志着 AI 正式成为独立学科。

阶段特点：奠定人工智能的基本概念与哲学框架，强调符号主义方法，但仍停留在理论讨论与初步实验阶段，缺乏大规模可行的工程实现。

（2）早期技术尝试

① 1957 年。弗兰克·罗森布拉特（Frank Rosenblatt）发明感知机（Perceptron），首次实现基于神经网络的模式识别，但因无法解决异或问题而陷入低潮。

② 1966 年。ELIZA 聊天程序诞生，通过模式匹配模拟心理治疗对话，揭示符号主义（Symbolic AI）的潜力与局限。

阶段特点：以规则驱动为核心，依赖人工编码的逻辑推理，但受限于算力与数据规模，难以应对复杂任务。

2. 寒冬与复苏期（1980s—1990s）：专家系统与统计学习的崛起

（1）专家系统繁荣

1980 年代，MYCIN（医疗诊断）、DENDRAL（DENDRitic Algorithm，树状图算法，化学分析）等专家系统在垂直领域取得商业成功，依赖知识库与推理引擎的架构成为主流。

（2）统计学习萌芽

① 1986 年。杰弗里·辛顿（Geoffrey Hinton）提出反向传播（Back Propagation，BP）算法，为神经网络训练提供数学基础。

② 1997 年。IBM"更深的蓝"（Deeper Blue）击败了国际象棋冠军卡斯帕罗夫，展示了暴力搜索与规则引擎的威力，但技术路径与通用 AI 无关。

阶段特点：专家系统依赖人工知识工程，维护成本高；统计学习受限于算力，尚未形成规模化应用。

3. 深度学习革命（2000s—2010s）：数据驱动的爆发

（1）技术突破

① 2006 年。辛顿提出深度信念网络（Deep Belief Network，DBN），开启深度学习复兴浪潮，突破浅层神经网络的训练瓶颈。

② 2012 年。AlexNet 在 ImageNet 竞赛中夺冠，卷积神经网络（Convolutional Neural Network，CNN）凭借图形处理单元（Graphics Processing Unit，GPU）加速大幅提升图像识别的准确率。

（2）应用爆发

2016 年。AlphaGo 击败围棋冠军李世石，强化学习（Reinforcement Learning，RL）与蒙特卡洛树搜索（Monte Carto Tree Search，MCTS）结合引发全球关注。

阶段特点：大数据、GPU 算力与开源框架（如 TensorFlow、PyTorch）共同推动 AI 从实验室走向产业。

4. 大模型时代（2010s至今）：通用人工智能的曙光

大模型时代的到来标志着人工智能从专用任务处理迈向通用智能的临界点。这一时期的技术突破不仅体现在模型规模的指数级增长，更在于架构创新、多模态融合与开源生态的全面爆发，形成了"算法—数据—算力"三位一体的技术革命。

（1）技术架构的范式革新

① Transformer奠基期（2017—2020年）。2017年，Google提出的Transformer架构，通过自注意力机制（Self-Attention）突破传统循环神经网络（Recurrent Neural Network，RNN）的时序依赖限制，成为大模型的核心骨架，其并行化计算特性使得百亿级参数的模型训练成为可能。

Transformer架构实现了如下关键技术突破。

- 位置编码：用正弦函数替代传统位置嵌入，增强了长文本的理解能力。
- 多头注意力：并行捕获不同维度的语义关联，提升了上下文建模的效率。

② 预训练范式成熟期（2020—2022年）

OpenAI的GPT-3（1750亿个参数）首次验证Scaling Law定律：模型性能随参数规模呈幂律增长，零样本学习（Zero-Shot）能力突破传统监督学习的瓶颈。同期涌现的模型包括：PaLM（Google，5400亿个参数）——基于Pathways（谷歌）架构，在数学推理任务上超越了人类的平均水平。Claude（Anthropic）——通过宪法式AI（Constitutional AI）实现价值观标准。

（2）多模态大模型爆发（2022—2025年）

大模型从单一文本模态向跨模态融合演进，形成"感知—认知—创造"闭环，具体体现在以下几个方面。

① 图像生成革命。

图像生成革命主要体现在以下几个方面。

- DALL·E 3（OpenAI）：实现像素级语义控制，支持"二次元插画"到"写实照片"风格的迁移。
- Stable Diffusion 3（Stability AI）：开源社区推动生成艺术平民化，日均生成图像数量超2亿张。

② 视频与3D建模。

视频与3D建模主要体现在以下几个方面。

- Sora（OpenAI）：10分钟生成长视频，物理规则建模准确率达89%。
- NeRF++（Google）：大模型驱动3D场景重建，误差率较传统方法降低37%。

③ 科学计算突破。

科学计算主要在以下两方面实现了突破。

- AlphaFold 3（DeepMind）：预测2.3亿种蛋白质结构，缩短了新药研发的周期。
- CosmoX（Meta）：宇宙模拟精度提升40倍，助力暗物质研究。

（3）中国大模型的崛起与创新

中国大模型发展呈现"技术追赶—局部领先—生态构建"的跃迁路径，其崛起背后既有技术突破的硬实力，也有政策与生态协同的软实力支撑。

① 技术突破的里程碑。

中国大模型技术突破的里程碑体现在以下几种产品的应用上。

a. DeepSeek-R1（深度求索发布，2025 年）。

- 全球首个开源 MoE 架构。采用动态稀疏专家混合（Mixture of Expert，MoE），1.8 万亿个激活参数下推理成本降低 60%，支持代码生成、科学计算等高复杂度任务，在人类编程评估 HumanEval 测试中首次超越 GPT-4（DeepSeek-R1 与 GPT-4 的准确率分别为 82.3%和 78.9%）。

- 开源生态贡献。发布完整训练代码、数据集清洗工具链及推理优化方案，全球开发者社区贡献插件数量超 3000 个，涵盖金融、医疗、教育等领域。

b. 文心一言 4.0（百度发布，2024 年）。

- 多模态理解能力。融合视觉、语音、文本三模态，方言识别准确率 98.7%（覆盖粤语、川渝方言等 12 种），在 C-Eval 中文评测中综合得分 89.5 分，首次达到人类专家的水平。

- 产业落地案例。赋能长春一汽生产线质检系统，缺陷识别效率提升 40%，误检率低于 0.01%。

c. 通义千问 2.0（阿里云发布，2024 年）。

- 垂直领域优化。金融风控模型误报率降至 0.03%，支持中小微企业贷款审批自动化，处理时长从 3 天缩短至 10 分钟。

- 长文本处理突破。支持 100 万字上下文窗口（如《三体》全文分析），法律合同审查效率提升 70%。

d. 其他代表性模型。

- 盘古大模型 3.0（华为发布，2023 年）。气象预测精度提升 20%，台风路径预测误差缩小至 50 千米以内。

- 星火认知 3.0（科大讯飞发布，2024 年）。教育领域覆盖基础教育阶段（Kindergarten through 12th grade，从小学到高中毕业的 12 年教育体系，K12）全学科辅导，学生提分率平均达 15%。

② 政策与生态。

政策与生态协同的软实力支撑方面主要体现在以下几方面。

a. 国家级战略布局。

- 2024 年"人工智能+"行动计划。国务院常务会议研究部署推动人工智能赋能新型工业化，强调以人工智能与制造业深度融合为主线，加快重点行业的智能化升级。与此同时，相关部门积极推进人工智能技术在工业领域的应用，推动央企接入行业大模型平台，并加快培育通用大模型和行业大模型，以助力产业数字化、智能化转型。

- 数据开放共享：国家数据局建立"AI 训练数据资源池"，首批开放医疗、交通、教育领域超 500TB 高质量数据集。

b. 开源社区崛起。

- 智谱 AI（2023—2025 年）。贡献 GLM-130B、CodeGeeX 等开源模型，GitHub Star 数超 20 万个，成为全球排名前 5 的开源社区。

- 联邦学习平台。微众银行牵头建立医疗联邦学习联盟，覆盖全国 300 家三甲医院，肿瘤早期筛查模型 F1 值提升至 92%。
  c. 资本与人才投入。
- 2024 年融资规模。中国 AI 大模型领域融资超 500 亿美元，占全球 AI 大模型领域融资总额的 35%，DeepSeek、百川智能等独角兽估值突破百亿美元。
- 人才培养计划。教育部增设"大模型工程"专业，清华大学、北京大学等高等院校联合企业建立 50 个 AI 联合实验室。

大模型时代的技术浪潮正以"摩尔定律"的速度重塑产业格局。DeepSeek 等中国力量的崛起，不仅体现在参数规模的追赶上，更在于工程化落地的创新——通过模型压缩、联邦学习等技术，让千亿级模型跑在普通服务器上，真正实现"智能普惠"。

>>> 1.1.2 人工智能主要技术

人工智能已经成为现代技术革新的核心推动力，它的主要技术涵盖了机器学习、深度学习、自然语言处理、计算机视觉等多个领域。这些技术不仅推动了人类从自动驾驶到智能医疗等各类创新应用的发展，也在改变人类日常生活中的方方面面。

人工智能是一种使机器具备模拟、延伸，甚至超越人类智能的技术，它的目标不仅是让机器能像人类大脑一样思考和做出决策，还能在特定任务上超越人类的极限。AI 的核心目标是模仿人类的认知过程，以自动化、智能化的方式执行各种任务，包括推理、学习、感知、互动等。

通常，人工智能的实现方法依赖于数据驱动的算法，随着计算能力的提升和数据的积累，人工智能在过去几年得到了飞速发展。人工智能可以分为狭义人工智能（专注于单一任务的人工智能）、通用人工智能（具备类人思维和能力的人工智能，尚未实现），以及超人工智能（理论上超越人类的智能）共三类。人工智能技术的发展始终围绕算法、数据与算力的协同进化而展开，如图 1.2 所示，三者构成动态平衡。

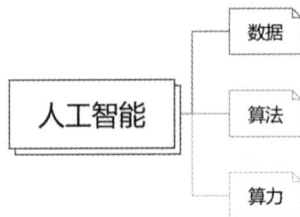

图 1.2　人工智能的三要素

1. 算法创新驱动上限

（1）从 CNN 到 Transformer

卷积神经网络通过局部感受提取空间特征，成为计算机视觉的基石；而 Transformer 凭借自注意力机制实现全局依赖建模，在自然语言处理中占据主导地位。例如，BERT 通过双向注意力捕捉上下文语义，GPT-3 则通过单向注意力生成连贯文本。

（2）动态稀疏化

大模型时代，计算效率成为关键。DeepSeek-R1 采用门控路由算法（Gated Routing Algorithm），根据输入内容动态选择专家网络，避免全参数计算的资源浪费。

2. 数据规模决定性能

传统机器学习依赖千百万级结构化数据（如 Excel 表格），而大模型需要万亿级跨模态语料（如文本、代码、科学文献等）。DeepSeek 通过多轮数据清洗（如去重、毒性过滤）构建高质量预训练集，覆盖 50 余种语言与 100 多个专业领域。

数据多样性直接影响模型的泛化功能。例如，包含代码数据的训练使 ChatGPT 能够理解编程逻辑，而医学文献的引入则提升了医生诊断建议的准确性。

3. 算力突破支撑落地

训练千亿参数模型需千卡级分布式集群，涉及数据并行（拆分批量数据）、模型并行（拆分网络层）与流水线并行（拆分计算阶段）的协同优化。DeepSeek 采用双向流水线并行（DualPipe）算法减少了 30%的通信开销，显著提升了训练的效率。

推理阶段的量化压缩技术［如（8bit Floating Point，FP8）低精度计算］可将模型体积压缩到原来的 1/4，结合国产昇腾 910B 芯片实现端侧部署，延迟降低至毫秒级。

人工智能技术的不断发展带来了前所未有的创新和应用。从基本的机器学习模型到复杂的深度学习和大模型，人工智能技术在不断拓宽应用的边界。在接下来的章节中，我们将更加详细地探讨机器学习和深度学习的具体应用，以帮助读者深入理解这些技术如何在实际项目中发挥作用。

1.2 机器学习和深度学习：蛋糕工坊中的智慧

杨立昆（Yann LeCun）曾用蛋糕比喻机器学习：监督学习是奶油，强化学习是樱桃，而无监督学习才是蛋糕胚本身，如图 1.3 所示。这一隐喻揭示了人工智能技术的层次关系——正如没有蛋糕胚就无法承载奶油，无监督学习才是构建通用智能的基础。本节将以蛋糕工坊为场景，逐步为大家拆解各类算法的核心原理。

图 1.3 机器学习隐喻

▶▶▶ 1.2.1 监督学习：精准的配方传承者

当学徒严格遵循配方称量 200 克低筋面粉时，他正在实践监督学习的本质——通过标注数据（输入-输出对）建立映射关系。这类算法如同烘焙教科书中的经典配方，如表 1.1 所示。

表 1.1 监督学习算法

算法名称	核心思想	蛋糕案例	应用场景
线性回归	建立变量间的线性关系	预测糖含量增加对烘烤时间的影响	温度控制模型
决策树	特征分层判断	根据裂纹判断蛋糕熟度	质量检测系统
支持向量机	寻找最优分类超平面	区分戚风蛋糕与海绵蛋糕	品类识别

例如，当智能烤箱通过线性回归发现糖含量与焦化时间呈负相关（每增加 10 克糖，焦化时间缩短 2 分钟），便可动态地调整温度曲线，而决策树通过分析面糊的流动性、表面气泡大小等 15 个特征，能像资深师傅般判断搅拌是否充分。

▶▶▶ 1.2.2 无监督学习：食材的探索之旅

面对未标注的混合食材（如面粉、泡打粉、可可粉），无监督学习能自主发现内在结构。这如同甜点师通过观察食材特性创造新配方，经典的无监督学习算法如表 1.2 所示。

表 1.2 无监督学习算法

算法名称	核心思想	蛋糕案例	应用场景
K-Means	基于距离聚类	用坚果与果干自动分类装饰	食材库管理
PCA	降维提取主成分	从 30 个参数中识别烤箱预热核心因子	设备故障诊断
自编码器	数据压缩与重建	还原受损食谱中的关键步骤	数据补全

注：PCA 是 Principal Component Analysis 的缩写，中文是主成分分析。

现代智能厨房通过 K-Means 将 10 万份用户评价自动聚类，发现"绵密口感"与"蛋白打发时长"的隐藏关联，这种能力远超人类经验总结。

▶▶▶ 1.2.3 强化学习：创意裱花大师

当机械臂学习奶油裱花时，强化学习通过试错反馈优化动作序列，如表 1.3 所示。

表 1.3 强化学习算法

算法名称	核心思想	蛋糕案例	应用场景
Q-Learning	价值函数迭代	学习樱桃摆放的最佳位置	装饰路径规划
DDPG	策略梯度与值函数结合	调整裱花嘴压力实现立体拉花	复杂造型生成

某智能甜品店通过深度确定性策略梯度（Deep Deterministic Policy Gradient，DDPG）算

法，让机械臂在 300 次失败后掌握了玫瑰裱花技巧，每次失败扣 1 分，成功则得 20 分奖励，最终裱花合格率满足要求。

▶▶▶ 1.2.4　深度学习：神经网络的蛋糕

深度神经网络如同传统蛋糕的层次结构，层层递进并逐步累加，最终形成一个完美的蛋糕。常见的深度学习算法如表 1.4 所示。

表 1.4　深度学习算法

网络类型	结构特点	蛋糕案例	应用场景
CNN	局部感知与参数共享	识别面糊中的未溶解糖粒	原料质检
RNN	时序信息记忆	预测发酵过程中的体积变化	工艺监控
Transformer	全局注意力机制	根据剩余食材生成创新食谱	产品研发

例如，卷积神经网络（CNN）的第一层检测面粉颗粒度，第二层判断乳化状态，最终层综合评估面糊质量，准确率比传统方法提升很多。

▶▶▶ 1.2.5　优化算法：智能烤箱的控制哲学

所有算法的核心在于优化策略，如同掌控柴火窑的温度，主流优化器如表 1.5 所示。

表 1.5　主流优化器

优化器	核心思想	蛋糕案例	适用场景
梯度下降	沿负梯度方向更新参数	微调 0.5℃避免焦化	简单模型训练
Adam	自适应学习率	动态调整搅拌速度与温度	复杂网络优化
遗传算法	模拟生物进化	探索 1000 种配方组合中的最优解	参数空间搜索

某烘焙机器人使用 Adam 优化器（Adaptive Moment Estimation，自适应矩估计），在训练神经网络时自动调整学习率，使蛋糕脱模成功率从 60%提升至 80%。

正如杨立昆强调的"蛋糕本体论"，深度学习框架需要多层次的配合：CNN 处理视觉数据（观察蛋糕状态），长短期记忆（Long Short-Term Memory，LSTM）控制工艺流程（记忆发酵时间），强化学习优化操作策略（调整裱花力度）。这种层次化设计，使得 AI 系统能像米其林主厨般既遵循经典，又敢于创新。

1.3　大模型革命：AI 领域的"蒸汽机级"革命

在 AI 的快速发展中，大语言模型（Large Language Model，LLM）的出现，标志着 AI 技术的一次重大突破。这些模型的规模和能力，使其在自然语言处理、代码生成、艺术创作等多个领域展现出前所未有的潜力。

▶▶▶ 1.3.1　从蒸汽机到 Transformer：技术革命的核心逻辑

18 世纪蒸汽机通过能量转化释放了人类体力劳动的潜力，而 21 世纪的大模型通过 "数据—知识—智能" 的转化范式，开启了人类认知革命的阀门。如果说传统 AI 是手工作坊里精雕细琢的工艺品，那么大模型就是流水线上批量生产的智能引擎，其革命性体现在以下三方面。

（1）规模化生产。通过海量参数（千亿至万亿级）构建通用智能基座，突破传统模型垂直领域的限制。

（2）涌现能力。当模型规模超过临界点（如 GPT-3 的 1750 亿个参数）时，便突然具备逻辑推理、创作表达等类人能力。

（3）边际成本递减。DeepSeek 等模型通过算法优化，将训练成本压缩至同性能模型的 1/10，如同蒸汽机提升热效率般推动产业普及。

Transformer 架构如同蒸汽机的气缸结构，注意力（Attention）机制则是控制能量分配的阀门系统。每一次数据单元（Token）的流动，都在神经网络中完成 "压缩—膨胀—做功" 的智能转化循环。

▶▶▶ 1.3.2　解剖大模型：从数学原理到工程实践

大语言模型之所以能够在自然语言处理、生成等多种任务中表现出色，其背后不仅有强大的数学理论支持，还有精密的工程实现。要全面理解这些模型的构建与运行机制，我们需要从多个层面深入剖析其工作原理，尤其是在数学基础、模型架构、训练方法，以及实际应用中的工程实现等。

深度学习的核心数学原理包括线性代数、概率论、信息论和优化理论。线性代数在其中扮演着至关重要的角色，它帮助我们理解数据和模型参数的结构。举个简单的例子，假设我们有一组输入数据 $X = [x_1, x_2, \cdots, x_n]$，每个 x_i $(i = 1, \cdots, n)$ 是一个向量，表示一个词或一个特征。我们的目标是通过学习参数 W 来变换这些输入，以生成模型的输出 Y。这时，线性代数的矩阵运算便能高效地描述数据的映射过程。在大模型的训练过程中，模型的目标是通过优化过程，最小化损失函数 $L(\theta)$，其中 θ 是模型参数。损失函数通常是基于梯度下降算法来优化的，通过反向传播（BP）算法来更新权重。

1. 模型架构：Transformer 架构的革命

Transformer 架构是大模型的基础，它通过自注意力机制来捕捉输入序列中各部分之间的关系。自注意力机制与传统的 RNN 不同，它通过并行处理输入序列中的所有词来进行计算，而不是按顺序处理。这使得模型在处理长序列时，能够避免传统 RNN 中的长距离依赖问题。

简单来说，自注意力机制的核心是通过计算输入词之间的相似度来决定它们的影响力。每个输入词都可以根据其他词的关系计算其加权平均，从而得到新的表示。示例代码如下。

示例 1.1　自注意力代码

```
import torch
import torch.nn as nn
```

```
# 定义自注意力机制
class SelfAttention(nn.Module):
    def __init__(self, embed_size):
        super(SelfAttention, self).__init__()
        self.embed_size = embed_size
        self.query = nn.Linear(embed_size, embed_size)
        self.key = nn.Linear(embed_size, embed_size)
        self.value = nn.Linear(embed_size, embed_size)
        self.softmax = nn.Softmax(dim=-1)

    def forward(self, values, keys, query):
        # 计算注意力权重
        Q = self.query(query)
        K = self.key(keys)
        V = self.value(values)
        energy = torch.matmul(Q, K.transpose(-2, -1))  # Q*K^T
        attention = self.softmax(energy)   # 计算权重
        out = torch.matmul(attention, V)   # 权重与值相乘
        return out

# 假设输入的词向量维度是 5
input_tensor = torch.rand((1, 3, 5))  # (batch_size, seq_len, embed_size)
self_attention = SelfAttention(embed_size=5)
output = self_attention(input_tensor, input_tensor, input_tensor)
print(output)
```

这段代码展示了一个简单的自注意力层，通过查询（Query）、键（Key）和值（Value）计算注意力权重，并使用这些权重加权输入数据的表示。实际上，Transformer 模型中包含多个自注意力层和其他组件（如前馈神经网络、位置编码等），使得它能够高效地处理复杂的任务。

2. 训练方法：预训练与微调

通常，大模型的训练分为两个阶段，即预训练和微调。预训练阶段通常采用自监督学习方法，这意味着模型通过大量的无标签数据（如互联网上的文章、对话等文本）来学习语言的规律。预训练任务的一个典型例子是掩码语言模型（Masked Language Model，MLM），其中模型被要求预测文本中缺失的词。

例如，在 BERT 模型中，训练时输入的句子会随机遮蔽（Mask）一些单词，然后模型需要根据上下文推断出这些被遮蔽的单词（Mask Words），示例代码如下。

示例 1.2　BERT 代码

```
from transformers import BertTokenizer, BertForMaskedLM
import torch

# 加载预训练的 BERT 模型和 Tokenizer
tokenizer = BertTokenizer.from_pretrained('bert-base-uncased')
model = BertForMaskedLM.from_pretrained('bert-base-uncased')

# 示例文本
text = "The quick brown fox jumps over the lazy dog"
inputs = tokenizer(text, return_tensors='pt')
```

```
# 随机遮蔽一个单词
inputs['input_ids'][0, 4] = tokenizer.mask_token_id

# 模型预测
with torch.no_grad():
    outputs = model(**inputs)
    predictions = outputs.logits

# 通过最大概率预测掩盖的词
predicted_token_id = predictions[0, 4].argmax(dim=-1)
predicted_word = tokenizer.decode(predicted_token_id)
print(f"Predicted word: {predicted_word}")
```

这段代码展示了如何使用 BERT 模型进行掩码语言模型的预测,模型会根据上下文推断出缺失的单词。

3. 优化策略:加速训练与推理

由于大模型的参数量巨大,因此训练和推理需要消耗大量的计算资源。为此,许多优化策略被提出,例如,模型并行、数据并行、混合精度训练和量化技术等。这些技术通过分布式计算或降低计算精度来提升效率,减小计算成本。

以混合精度训练为例,使用半精度浮点数(float16)代替单精度浮点数(float32)可以大幅度降低计算量,同时保持训练效果,示例代码如下。

示例 1.3　混合精度训练代码

```
from torch.cuda.amp import autocast, GradScaler

# 定义模型和优化器
model = BertForMaskedLM.from_pretrained('bert-base-uncased').cuda()
optimizer = torch.optim.Adam(model.parameters(), lr=1e-5)
scaler = GradScaler()

# 假设我们有输入数据
inputs = tokenizer("The quick brown fox", return_tensors='pt').to('cuda')

# 混合精度训练
for epoch in range(10):
    model.train()
    optimizer.zero_grad()

    with autocast():  # 开启混合精度计算
        outputs = model(**inputs)
        loss = outputs.loss

    # 反向传播和优化
    scaler.scale(loss).backward()
    scaler.step(optimizer)
    scaler.update()
    print(f"Epoch {epoch}, Loss: {loss.item()}")
```

这段代码展示了如何在 PyTorch 中使用混合精度训练来提高训练效率。

4. 工程实践：从理论到应用

在实际应用中，大语言模型面临着模型部署、推理加速和服务化等挑战。对于大规模的预训练模型，需要合理分配计算资源，采用模型并行技术，将大模型拆分成多个子模型分布式运行。此外，还需要优化推理过程，以缩短操作系统响应的时间，节省资源的消耗。

例如，利用模型压缩技术（如剪枝、量化等）可以减少模型的大小，并加速推理过程，示例代码如下。

示例 1.4　利用训练好的模型

```
from torch.utils.mobile_optimizer import optimize_for_mobile

# 假设已有训练好的模型
optimized_model = optimize_for_mobile(model)
optimized_model.save("optimized_model.pt")
```

这段代码展示了如何将训练好的模型进行优化，使其在移动设备上更高效地运行。

通过从数学原理到工程实现的多维度解析，我们可以更好地理解大语言模型的工作机制，也能把握如何将这些先进技术应用到实际场景中，解决实际问题。

▶▶▶ 1.3.3　主流大模型：全球竞速的智能引擎

大模型技术的爆发式发展催生了多元化的技术生态，国内外科技巨头与创新企业纷纷入场。这场竞赛不仅是参数规模的军备竞赛，更是架构创新、成本控制和场景落地的全方位较量。在这场全球智能革命中，每一款主流大模型都如同承载不同使命的航天器，在技术轨道上留下了独特的轨迹。

1. 国际赛道：闭源与开源的博弈

国际上，有以下几种典型的主流大模型。

（1）ChatGPT-4o（OpenAI）（图 1.4）

作为大模型领域的标杆，ChatGPT-4o 凭借多模态融合架构，将文本、图像、音频的联合推理能力推向新的高度。其核心创新在于跨模态注意力机制，例如，将梵高画作的笔触风格迁移至诗歌创作，实现艺术表达的维度突破。但是，其闭源策略与高昂的应用程序编程接口（Application Programming Interface，API）价格（输入\$2.5/百万 Tokens，输出\$10），使其成为高端市场的"奢侈品"。

（2）Claude 3.5 Sonnet（Anthropic）（图 1.5）

以"可解释性 AI"为核心理念，Claude 3.5 Sonnet 通过宪法式 AI（Constitutional AI）实现价值观校准，在医疗诊断、法律咨询等高风险场景中表现出色。其独特的长上下文窗口（200000 Tokens）支持整本学术著

图 1.4　ChatGPT-4o

作的连贯分析，但推理速度仅为 GPT-4o 的 60%。

（3）LLAMA-3（Meta）（图 1.6）

开源生态的旗舰模型，LLAMA-3 通过动态参数共享技术，在 70 亿个参数规模下达到传统千亿级模型的性能。其轻量化设计支持端侧部署，例如，在手机端实现实时多语言翻译，但需警惕其生成内容的幻觉率（约 15%）。

图 1.5　Claude 3.5 Sonnet

图 1.6　LLAMA-3

2.　中国力量：垂直突破与生态突围

国内有如下几类主流的大模型。

（1）DeepSeek 系列（深度求索）（图 1.7）

① DeepSeek-V3。基于动态稀疏注意力架构，在代码生成（准确率 82%）和数学推理（Math 数据集得分 89.7%）等垂直领域超越 GPT-4o，同时训练成本仅为同类模型的 1/10。

② DeepSeek-R1。专为科研场景优化的 MoE 模型，支持 10 万 Tokens 长文本逻辑推演，可自动生成实验方案并关联跨学科文献。

图 1.7　DeepSeek

③ DeepSeek-2.5。通过纯强化学习范式实现自我进化，在写作任务中生成符合人类偏好的内容，成本效益比达到 Claude 3.5 Sonnet 的 3 倍。

（2）通义千问 2.5（阿里巴巴）（图 1.8）

通义千问 2.5 是阿里巴巴集团控股有限公司的产品（见图 1.8），其聚焦电商与金融场景，多任务路径规划架构可同时处理商品描述生成、用户意图分析、风险控制等并行需求，在双 11 大促中实现每秒百万级请求响应。

图 1.8　通义千问

（3）文心一言 4.0（百度）（图 1.9）

文心一言是百度在线网络技术（北京）有限公司的产品，目前已发展到 4.0 版本（见图 1.9）。其主要依托搜索引擎数据优势，构建知识图谱增强模型，在事实性问答（如医药知识查询）中错误率低于 2%，但创造性文本生成能力较弱。

图 1.9　文心一言

（4）讯飞星火 V3.5（科大讯飞）（图 1.10）

讯飞星火是科大讯飞股份有限公司的产品，目前已发展到 V3.5 版本（见图 1.10），其针对中文语境的语音-文本联合建模能力突出，支持方言识别与情感分析，在客服场景中意图识别准确率达 95%，但在复杂逻辑推理任务中表现落后于头部模型。

图 1.10　讯飞星火

（5）豆包（字节跳动）（图 1.11）

豆包是北京抖音信息服务有限公司（ByteDance，字节跳动）的产品，原名"云雀"，是字节跳动推出的多模态 AI 助手，主打轻量化与场景化服务，在移动端交互和垂类知识问答（如法律咨询、教育辅导）中响应速度较快，且支持图片理解与语音对话混合输入。其优势在于依托抖音生态数据，在短视频内容摘要生成和电商直播话术优化等场景具备较高的适配性，但在复杂逻辑推理和长文本连贯性生成上仍弱于头部模型。

图 1.11　豆包大模型

▶▶▶ 1.3.4　范式颠覆：为什么这是"蒸汽机级"革命

这场由大模型驱动的技术革命，其深远意义远超工具迭代的范畴。它如同 18 世纪的蒸汽机，不仅是能量转化效率的跃迁，更彻底重构了人类与知识、创造力的关系网络。从实验室到生产线，大模型正在以"智能基建"的身份重新定义生产力、认知边界与社会协作的底层规则。

大模型将抽象逻辑转化为具象生产力的能力，正在引发工业文明以来极其剧烈的一场效率革命。DeepSeek-R1 通过强化学习驱动的代码生成引擎，可自动输出 Python/C++代码并附可视化模拟图，使开发者效率提升 5 倍——这一突破直接撼动了软件工程百年来"人脑编译机器语言"的范式。在科研领域，其超长上下文推理能力（支持 10 万个 Tokens）可在 3 分钟内关联 1980 年后的 5 万篇量子计算论文，生成包含实验设计、风险预判的完整方案，将文献调研周期从数月压缩至喝一杯咖啡的时间。

如果说蒸汽机解放了人类的体力，大模型则解放了脑力劳动"重复造轮子"的过程，让创造力聚焦于真正的未知领域。

当参数规模突破万亿级临界点，大模型展现出令人惊异的"类直觉"能力。DeepSeek-2.5 在解析《道德经》时，自主关联海德格尔存在主义哲学，构建跨时空的思想对话网络——这种零样本跨领域联想并非基于显式训练数据，而是源于参数空间中抽象概念的拓扑映射。更引人注目的是，某些模型开始展现未经训练的跨模态创造力：从肖邦夜曲的旋律生成张大千风格的水墨画卷，或将计算机体层摄影（Computed Tomography，CT）影像的灰度特征关联至病理学术语。这些现象暗示，智能体可能正在形成超越人类预设的认知维度。

1.4　DeepSeek：打开智能工具箱的钥匙

如果说大模型是数字时代的"蒸汽机"，那么 DeepSeek 就是为普通人准备的智能化车间。这里没有晦涩的数学公式堆砌，而是通过直观的界面设计和模块化的功能组合，让每个用户都能像拼装乐高积木一样构建自己的 AI 解决方案。DeepSeek 的创新之处在于，它将前沿的大模型技术封装成可交互的智能模块，如同将航天发动机改造成家用汽车的引擎——既保留了核心技术优势，又实现了操作体验的平民化。

▶▶▶ 1.4.1　算法内核：智能熔炉的燃烧原理

DeepSeek 的算法体系如同精密运转的蒸汽轮机，其核心动力源自 Transformer 架构的创造性改良。与传统的单向信息处理方式不同，DeepSeek 采用双向注意力机制，让每个数据单元都能与上下文建立动态关联。这种技术突破就像给文字赋予立体会话能力——当用户输入"苹果"时，系统能自动区分这是指水果品牌、科技公司，还是歌曲《小苹果》。

DeepSeek 的关键技术革新体现在以下三方面。

（1）混合专家系统（MoE）。采用动态路由机制，将问题自动分配给擅长特定领域的子模型处理。就像医院的分诊系统，感冒患者会被引导至呼吸科，骨折患者则引导至骨科，这种智能分配使资源利用率提升 4 倍。

（2）知识蒸馏技术。通过教师-学生模型的知识传递，将万亿参数大模型的智慧浓缩到百亿级轻量模型中。这相当于把牛津词典的内容精炼成口袋单词本，既保持核心语义，又便于移动端部署。

（3）增量学习框架。支持模型在运行中持续进化，如同给 AI 安装"终身学习芯片"。用户与系统的每次交互都会触发微调机制，使模型在 3 个月内就能完成传统模型需要 1 年的迭代升级。

▶▶▶ 1.4.2 DeepSeek 模型矩阵：七种武器的智能图谱

DeepSeek 提供差异化的模型矩阵，每个产品线都像瑞士军刀的不同工具组件，满足特定场景需求，表 1.6 是具体应用。

表 1.6 DeepSeek 模型矩阵

模型系列	应用领域	发布日期	上下文长度	参数规模（10 亿）	备注
DeepSeek Coder	代码生成和编程任务指令跟随	2023 年 11 月 2 日	16KB	1.3, 5.7, 6.7, 33	采用 DeepSeek 许可，训练数据 1.8 万亿个 Tokens
DeepSeek-LLM	通用语言任务，聊天应用	2023 年 11 月 29 日	4096	7, 67	基准测试优于 Meta Llama 2
DeepSeek-MoE	使用专家混合增强语言任务	2024 年 1 月 9 日	4KB	16（2.7 活跃）	性能与 16B 非 MoE 模型相当
DeepSeek-Math	数学推理，包括基础、指导和强化学习变体	2024 年 4 月	—	—	使用 GRPO，训练数据 5000 亿个 Tokens，包含 Math-Shepherd 方法
DeepSeek V2	扩展上下文语言任务、编码、数学，采用 MLA 和 MoE	2024 年 5 月	32KB、128KB	15.7（2.4 活跃），236（21 活跃）	每百万 Tokens 成本为 2 元，滑铁卢大学排名第 7
DeepSeek V3	高级推理、创意写作，采用多个 Tokens 预测	2024 年 12 月	128KB	671（37 活跃）	优于 Meta Llama 3.1、Qwen 2.5，匹配 GPT-4o、Claude 3.5 Sonnet
DeepSeek R1	逻辑推理、数学推理、实时问题解决	2025 年 1 月 20 日	128KB	671	超过 OpenAI o1 在 AIME、Math 上的表现

这些模型在国内引发 AI 模型价格战，称为"AI 领域的拼多多"，其盈利能力强于字节跳动、腾讯、百度、阿里巴巴等竞争对手。

1.5 小结

本章为读者打开了进入人工智能（AI）世界的一扇窗，帮助读者建立了对 AI 及 DeepSeek 的基础认知。通过清晰、简明的阐述，我们从人工智能的发展历史谈起，介绍了其核心技术，并深入探讨了机器学习、深度学习和大模型等概念，揭示了这些技术如何共同推动 AI 的进步。这一部分的内容为读者提供了一个全面的 AI 技术背景知识，确保他们具备坚实的基础，能够顺利进入后续更深入的学习。

在技术部分，我们通过生动的比喻，如将机器学习和深度学习与制作蛋糕的过程进行类比，帮助零基础的读者轻松理解复杂的神经网络工作原理。此外，本章还详细讨论了大模型技术，尤其是 ChatGPT 背后的 Transformer 架构，阐明了这一技术在 AI 领域的革命性突破。

本章还特别介绍了 DeepSeek 这一核心工具，从其算法内核到模型矩阵，逐步揭示了其强大的智能框架。通过具体的案例与应用，读者不仅能理解 DeepSeek 的操作界面，还能初步掌握如何利用这一工具应用 AI 技术解决实际问题。

总的来说，本章不仅为读者提供了 AI 技术的理论框架，也通过 DeepSeek 的具体介绍将技术与实践相结合，为后续更深入的学习奠定了坚实的基础。

第 2 章

环境构建与工具配置——构筑 AI 实验室的基石

一、从实验室到实践：构建个性化的 AI 开发环境

人工智能的研究和应用离不开强大的开发环境，它不仅是实验的基石，也是实际部署的保障。从数据处理到模型训练，再到结果的验证和优化，一个高效、灵活的开发环境能使我们事半功倍。本章将引导大家如何构建一个完善的 AI 实验室，既包括从零开始配置本地开发环境，也涉及如何切换到云端开发平台，实现数据处理和模型训练的高效协同。通过这一系列的配置，我们将能够在一个集成的环境中高效地进行 AI 项目的开发与实验。

随着 AI 技术的不断进步，开发工具和平台也在不断地更新和优化，开发者在选择工具时，需要根据项目的需求进行灵活的配置。本章将详细介绍如何配置适合开发 AI 项目的工具链，以确保我们可以专注于模型的实现而不是环境的构建。无论是使用 Anaconda 虚拟环境进行本地开发，还是将工作负载迁移到云端，正确掌握工具的使用和配置方法，都将极大地提升我们的工作效率。接下来我们将从基础的账号体系和 API 配置开始，逐步构建一个完善的 AI 开发环境。

二、本章学习地图：四步构建个性化的 AI 实验室

本章将通过以下四个关键步骤，帮助大家构建一个完整的 AI 开发环境。

（1）获取数字通行证（2.1 节）：从注册账号到生成 API 密钥，让我们顺利开启 AI 开发的第一步。

（2）构建开发环境（2.2 节）：通过配置 Anaconda 虚拟环境和集成开发工具，构建一个便捷的本地开发环境。

（3）工作流引擎（2.3 节）：掌握高效的工作流，包括代码调试、环境验证，以及版本控制，让我们的开发流程更加流畅。

（4）初试锋芒（2.4 节）：通过完成第一个文本生成实例，快速掌握 AI 模型的应用，感受

AI 模型的强大功能。

本章旨在为读者构建一个全面的 AI 开发环境，为后续的技术应用和实践打下坚实的基础。在深入探讨 DeepSeek 的具体操作之前，首先要确保我们具备适合进行 AI 开发的工具和配置。这不仅仅是学习如何安装软件和配置环境的问题，更是了解如何利用这些工具高效地进行数据处理、模型训练与优化的过程。本章将逐步带领大家完成从账号注册到本地与云端开发环境配置的每个步骤，确保我们都能够顺利地进入 AI 的实践世界。

通过掌握这些基本配置，我们将能够熟练地使用 DeepSeek 进行智能应用开发，甚至在更复杂的项目中快速入门。从环境配置到工具链的整合，每一步都为后续的 AI 项目奠定基础。到本章结束时，大家将能够独立地构建并管理适合自己的个性化开发环境，并通过实际操作熟悉如何使用 DeepSeek 开始我们的 AI 开发之旅。

2.1 获取数字通行证：账号体系与 API 配置

在正式进入 AI 开发的旅程之前，我们需要一张"数字通行证"——账号和 API 密钥。这是连接 DeepSeek 服务、解锁其强大功能的起点。本节将为大家详细介绍如何快速注册账号并配置 API，无论是通过网页端体验对话功能，还是通过 API 集成到自己的项目中，都能轻松掌握。让我们从账号注册开始，逐步解锁 DeepSeek 的全部潜力。

▶▶▶ 2.1.1 快速入门：三分钟注册账号

DeepSeek 提供了多种方便、易用的方式，既能满足个人用户的基本需求，也能满足企业开发者的高级定制需求。无论是初次接触 DeepSeek 的人，还是有一定技术背景的开发者，本小节将为大家详细介绍如何使用 DeepSeek，包括网页版、移动端等方式。

1. 网页版

DeepSeek 提供了便捷的网页版，用户可以直接在浏览器中访问其服务，体验对话的生成、文本分析等功能。

步骤 1：访问官网

（1）打开 DeepSeek 官网。在首页上，我们将会看到一个"开始对话"的按钮，如图 2.1 所示。

（2）单击该按钮后，系统会引导我们进入专门的对话页面。我们也可以直接访问 DeepSeek 聊天平台，进入后注册账号，如图 2.2 所示。DeepSeek 支持手机号+验证码注册方式，同时也支持微信注册方式。在注册完成后，单击"登录"按钮登录即可。

步骤 2：体验对话

登录后，可以在主页上看到一个简洁的对话框。单击"开启新的对话"按钮，即可开始向 DeepSeek 提问或提交请求。也可以选择是否开启"深度思考"和"联网搜索"功能，以此来增强我们的提问体验。

图 2.1 "开始对话"的按钮

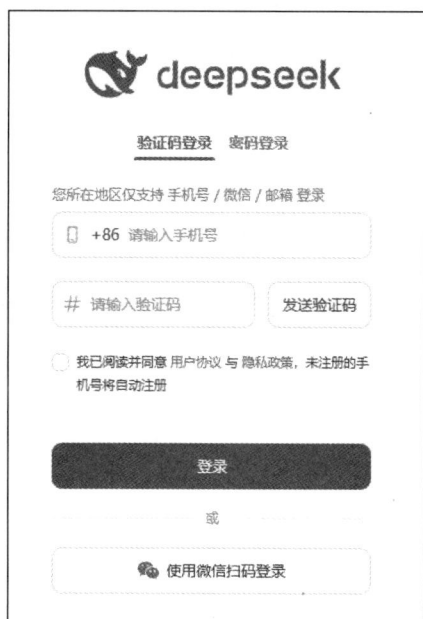

图 2.2 注册并登录界面

（1）深度思考。该功能使得 DeepSeek 能够对复杂问题进行更深入的分析与推理，适合需要多步骤推理的任务，如数学题解答、编程代码分析等。

（2）联网搜索。这一功能让 DeepSeek 能够获取实时的网络信息，特别适用于需要最新资讯的场景，如新闻摘要、实时数据查询等。

在使用时，如果这些功能因技术原因暂时无法使用，我们将会看到相应的提示信息。此时，我们仍然可以使用 DeepSeek 的基础对话功能，如图 2.3 所示。

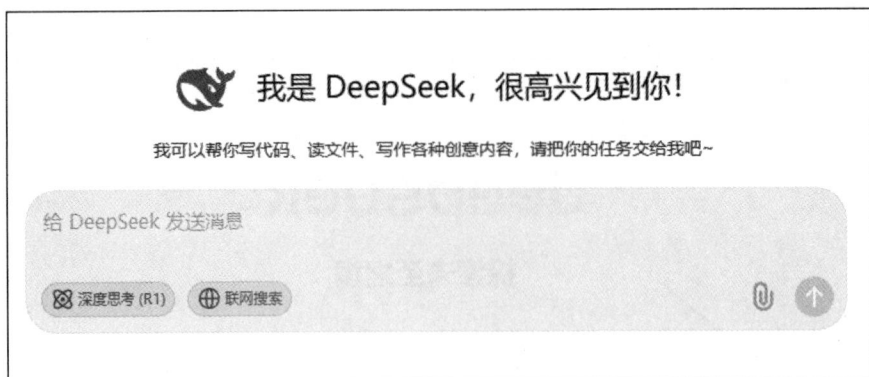

图 2.3　DeepSeek 的"深度思考"和"联网搜索"功能

在对话框中，我们可以直接输入问题并发送，也可以通过单击左侧菜单查看历史记录。若需要，还可以上传附件文件或进行其他操作，具体内容请参考图 2.4 所示。

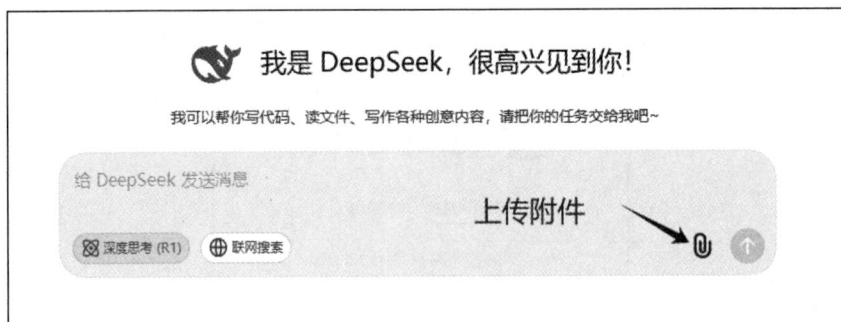

图 2.4　DeepSeek 上传附件

2．移动端

为了便于移动场景的使用，DeepSeek 还推出了专用的移动端应用程序。用户可以在苹果（iOS）或安卓（Android）设备上下载安装 DeepSeek 应用，直接享受与网页版类似的功能。

步骤 1：下载应用

在应用商店（App Store）或 Google Play 中搜索并下载 DeepSeek 应用。安装完成后，打开应用并登录账号。

步骤 2：开始对话

与网页版类似，我们可以通过点击界面上的"新建对话"按钮开始与 DeepSeek 进行互动。移动端应用适合轻量级任务，如实时问答、日程管理等。

步骤 3：查看历史记录

在应用的左上方，我们可以轻松查看之前的对话历史，方便我们随时回顾与 DeepSeek 的互动内容，如图 2.5 所示。

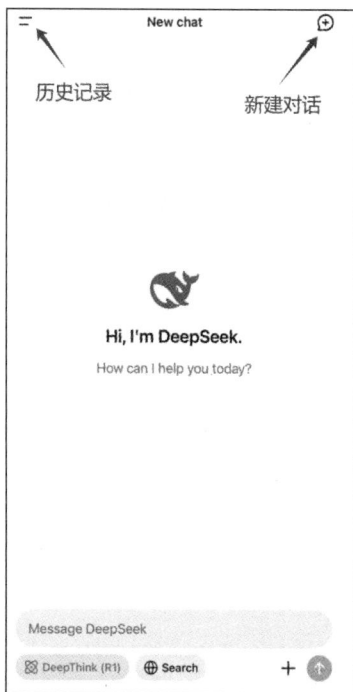

图 2.5 移动端 DeepSeek

▶▶▶ 2.1.2 开发者进阶: API 接入与调用

对于开发者而言，DeepSeek 提供了强大的 API，能够将其功能集成到自己的应用系统中。通过 API，开发者可以方便地调用 DeepSeek 提供的对话生成功能，满足更复杂的业务需求。通过以下步骤，我们可以快速配置并调用 API，开启更复杂的 AI 开发之旅。

1. 注册账户

要开始使用 DeepSeek 的 API，首先需要访问官方平台（DeepSeek 平台）进行注册。注册后，我们将获得 API 访问权限，依据需求进行充值（若官方停止充值服务，可以尝试通过云服务商的接口获取服务）。

2. 创建 API key

登录后，前往 "API keys" 页面，如图 2.6 所示，单击 "创建 API key" 按钮生成一个新的密钥。请妥善保存该密钥，因为出于安全的考虑，创建后将无法再次查看该密钥。

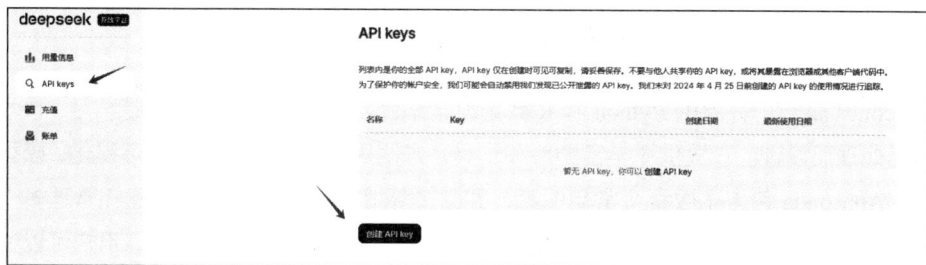

图 2.6 DeepSeek API keys 页面

3. 调用 API

API 提供了对多种编程语言的支持，本文将以 Python 语言为例。首先，通过以下命令安装所需的库，示例如下。

示例 2.1　安装所需的库

```
pip install openai
```

然后，可以使用以下 Python 示例代码调用 DeepSeek API。

示例 2.2　调用 DeepSeek

```
from openai import OpenAI

client = OpenAI(api_key="<DeepSeek API Key>", base_url="https://api.deepseek.com")

response = client.chat.completions.create(
    model="deepseek-chat",
    messages=[
        {"role": "system", "content": "You are a helpful assistant"},
        {"role": "user", "content": "你好"},
    ],
    stream=False
)

print(response.choices[0].message.content)
```

在上面的代码中，model 参数指定要使用的模型（如 deepseek-chat）；messages 参数包含系统消息和用户消息；stream 参数设置是否启用流式输出。

2.2　构建开发环境：从本地到云端

AI 开发环境的构建如同建造一座精密实验室，既要保证基础工具的稳定性，又要兼顾灵活扩展的可能性。本节将系统化地构建从本地到云端的全栈开发环境，通过模块化配置方案帮助开发者建立自主可控的 AI 研发体系。无论是追求高性能的本地工作站的构建，还是需要弹性资源的云端环境部署，都将在此找到完整的解决方案。

▶▶▶ 2.2.1　虚拟环境工程：Anaconda 生态构建

Anaconda 是一个开源的 Python 和 R 数据科学平台，专为数据分析、机器学习、科学计算和大数据处理而设计。它提供了丰富的库和工具，方便用户进行数据处理、可视化、模型训练等操作。Anaconda 包含了数百个常用的库，并支持环境管理，能够轻松创建和管理多个项目的独立环境，确保各个项目的依赖不会相互冲突。通过其包管理工具 Conda，用户可以快速安装、更新、卸载软件包，极大地方便了数据科学和 AI 开发的工作流程。

开发环境隔离是 AI 项目管理的核心技能，本节将带领读者构建模块化的 **Python** 开发环境。通过 Anaconda 的数据科学套件，实现不同项目间的环境隔离与依赖管理，从而有效地避免版本冲突问题。

1. Anaconda 安装全流程

（1）下载指引

① 官网下载。访问 Anaconda Distribution，选择 Python 3.12 版本（推荐 Windows 用户下载 64 位图形安装包），如图 2.7 所示。

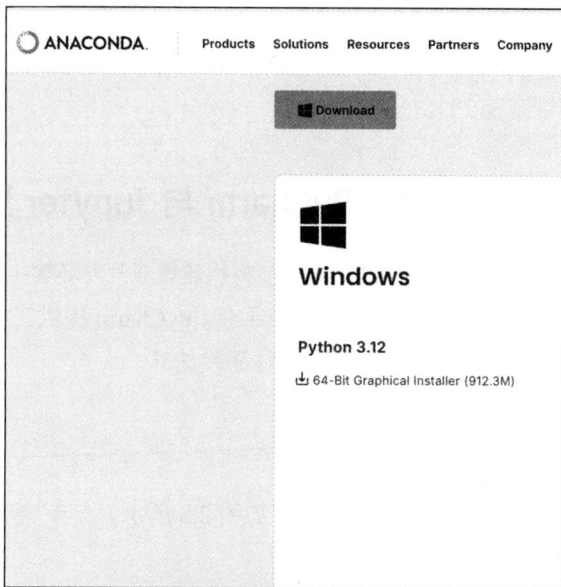

图 2.7　下载 Anaconda

② 国内镜像。清华大学开源镜像站可加速下载。

（2）安装关键步骤

安装关键步骤如下。

① 双击安装包后选择"All Users"（需管理员权限）。

② 安装路径避免中文和空格（推荐 C:\Anaconda3）。

③ 高级选项必须勾选以下两个。

- Add Anaconda3 to my PATH environment variable（环境变量自动配置）。
- Register Anaconda3 as my default Python 3.12。

安装完成后可以通过以下命令验证是否安装成功，示例如下。

示例 2.3　验证是否安装成功

```
conda --version   # 成功应显示 conda 24.x.x
python --version  # 成功应显示 Python 3.12.x
```

注意：若提示命令不存在，需手动添加以下路径到系统路径。

C:\Anaconda3\Scripts 和 C:\Anaconda3\Library\bin

注意

2. 虚拟环境配置实战

通过以下命令创建专有环境，示例如下。

示例 2.4 创建专有环境

```
conda create -n deepseek python=3.12  # 创建独立环境
conda activate deepseek  # 激活环境
conda install -c conda-forge numpy pandas matplotlib
pip install "deepseek-sdk[full]"
```

这样就成功创建了一个名为"deepseek"的 Anaconda 环境，该环境预装了数据处理三件套（NumPy/Pandas/Matplotlib）并集成了 DeepSeek 完整开发套件，形成标准化的 AI 开发基座。

▶▶▶ 2.2.2 开发工具链：PyCharm 与 Jupyter 深度协同

专业开发工具链是提升生产力的关键，本小节将构建集成开发环境（Integrated Development Environment，IDE）与 Notebook 深度集成的研发平台。PyCharm 提供工程化开发支持，Jupyter 则擅长探索性数据分析，二者结合形成完整的 AI 研发闭环。

1. PyCharm 专业版配置

（1）安装与激活

① 在 PyCharm 官网下载选择需要的版本，如图 2.8 所示。

② 学生可申请免费教育许可证。

接着，配置 PyCharm 的核心功能。

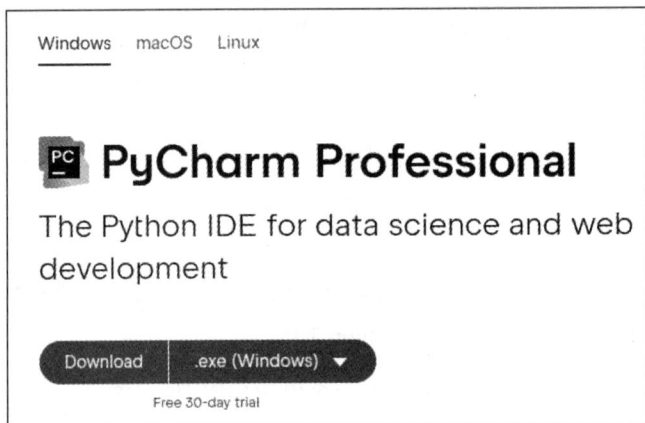

图 2.8 PyCharm 下载

（2）Jupyter 插件集成

① 打开 PyCharm，进入 File > Settings > Plugins，搜索安装 Jupyter 插件。

② 重启 IDE 后在 .ipynb 文件中可交互式执行代码块。

在 Jupyter 内核列表中选择"deepseek"，绑定虚拟环境，示例如下。

```
# 在 PyCharm 终端执行
python -m ipykernel install --user --name=deepseek_env
```

（3）远程开发配置

① 在 PyCharm 中，通过 Tools > Deployment > Configuration 配置安全外壳协议（Secure Shell，SSH）连接云服务器。

② 使用 File > Settings > Python Interpreter 添加远程解释器。

2. Jupyter Lab 高级功能

Jupyter Lab 是一个强大的交互式开发环境，广泛应用于数据科学、机器学习和研究工作中。除了其基本的功能外，Jupyter Lab 还支持多种扩展插件和增强功能，可以显著提升开发体验。接下来，我们将介绍如何安装 Jupyter Lab 的扩展插件，以及如何优化数据可视化，使其更具交互性和灵活性。

（1）扩展插件的安装

为了增强 Jupyter Lab 的功能，我们可以安装一些常用的扩展插件。首先，在激活的虚拟环境中执行以下命令：

```
pip install jupyterlab_lsp  # 代码智能补全
jupyter labextension install @jupyter-widgets/jupyterlab-manager  # 交互式
小组件的支持
```

其中，jupyterlab_lsp 插件提供了代码智能补全、语法高亮等功能，帮助我们更高效地编写代码；@jupyter-widgets/jupyterlab-manager 插件支持在 Jupyter Lab 中显示交互式小组件，增强数据可视化和用户交互体验。

（2）数据可视化的优化

Jupyter Lab 还可以优化数据可视化，提升图形的交互性和可操作性。特别是在数据探索和结果展示时，交互式图表能够帮助我们更直观地分析数据。

在 Notebook 中启用交互式绘图，只需添加如下代码即可。

示例 2.6　数据可视化代码

```
%matplotlib widget
import matplotlib.pyplot as plt
plt.plot([1, 2, 3])  # 生成可缩放/平移的向量图
```

启用 %matplotlib widget 后，可以生成可交互的图表，支持缩放和平移操作。这样，我们就可以更灵活地分析和呈现图形数据，以增强对图形的控制和可操作性。

▶▶▶ 2.2.3　本地部署 DeepSeek

由于 DeepSeek 的推理部分是开源的，因此我们可以选择在本地部署 DeepSeek，以满足我们对数据隐私保护要求较高的需求。

1. 获取模型

DeepSeek 的系列模型已经开源并托管在 Hugging Face 平台。我们可以访问 Hugging Face 官网搜索"DeepSeek",并下载相关的模型文件(如 DeepSeek-7B-base),如图 2.9 所示。

Model	Base Model	Download
DeepSeek-R1-Distill-Qwen-1.5B	Qwen2.5-Math-1.5B	🤗 HuggingFace
DeepSeek-R1-Distill-Qwen-7B	Qwen2.5-Math-7B	🤗 HuggingFace
DeepSeek-R1-Distill-Llama-8B	Llama-3.1-8B	🤗 HuggingFace
DeepSeek-R1-Distill-Qwen-14B	Qwen2.5-14B	🤗 HuggingFace
DeepSeek-R1-Distill-Qwen-32B	Qwen2.5-32B	🤗 HuggingFace
DeepSeek-R1-Distill-Llama-70B	Llama-3.3-70B-Instruct	🤗 HuggingFace

图 2.9　DeepSeek 蒸馏模型

> **说明**　由于 671B 版本的 DeepSeek 要求的配置很高,因此一般本地部署时,都是部署蒸馏模型(蒸馏模型可以理解为将一个复杂的大模型的知识传授给一个相对简单的小模型)。

2. 安装依赖库

下载模型后,需要安装一些基础依赖库。运行如下命令安装。

示例 2.7　安装基础依赖库

```
pip install torch transformers accelerate
```

如果我们希望启用 GPU 加速,需要额外安装相应版本的统一计算设备架构(Compute Unified Device Architecture,CUDA)驱动。

3. 加载模型

可以通过 Transformers 库从本地路径加载模型。加载模型的 Python 代码示例如下。

示例 2.8　加载本地 DeepSeek 模型的代码

```
from transformers import AutoModelForCausalLM, AutoTokenizer

model_path = "./local/path/to/deepseek-7b"  # 替换为实际路径
tokenizer = AutoTokenizer.from_pretrained(model_path)
model = AutoModelForCausalLM.from_pretrained(model_path, device_map="auto")
```

4. 生成结果

加载模型后,可以直接输入文本并生成结果。生成结果的代码示例如下。

示例 2.9　本地 DeepSeek 生成结果

```
input_text = "什么是 DeepSeek? "
inputs = tokenizer(input_text, return_tensors="pt").to(model.device)
outputs = model.generate(**inputs, max_length=100)
print(tokenizer.decode(outputs[0]))
```

注意

对于大模型，本地部署可能需要较高的硬件配置。如果显存不足，可以启用量化功能来降低内存的消耗。

许多集成工具（如 Ollama、LM Studio）提供了简便的本地部署选项，适合不同需求的用户，如表 2.1 所示。

表 2.1　一键部署工具对比

工具	优势	适用人群
Ollama	极简部署，跨平台	开发者/运维人员
LM Studio	图形界面，即点即用	普通用户/产品经理
GPT4All	低资源消耗，强隐私保护	轻量级需求用户
Text Generation WebUI	功能全面，支持定制	高级用户/研究者

以上工具根据用户需求的不同，提供了不同的部署方式。如果我们追求便捷，可以选择 LM Studio 或 GPT4All；如果需要更多的定制功能，则可以使用 Ollama 或 Text Generation WebUI。

2.3　智能工作流引擎：构建自动化研发流水线

在 AI 开发领域，工具链的配置不是简单的软件堆砌，而是构建智能化的研发中枢控制系统。本节将打造覆盖代码全生命周期的自动化工作流，整合智能调试、环境验证和版本控制三大核心模块，形成具备自检功能的 AI 开发引擎。通过工具链的深度协同，实现从代码编写到模型部署的无缝衔接。

▶▶▶ 2.3.1　智能调试体系构建：从断点调试到交互式问题定位

随着 AI 技术的发展，传统的调试方法已经无法满足现代复杂系统中的调试需求。特别是在深度学习和大数据应用中，调试不仅仅是找到错误的位置，更需要通过智能化的手段进行预测、诊断和自动修复。基于此，本节将介绍如何构建一个多维度的智能调试体系，涵盖从本地到云端的各类工具，以推动调试的全栈范式革新。

1. 动态调试工具链配置

在构建智能调试平台之前，首先需要配置适合的调试工具链，这些工具能够帮助我们在调试过程中捕捉异常、分析变量及追踪执行流程。

通过以下命令，安装 AI 增强调试工具，如示例 2.10 所示。

示例 2.10　安装 AI 增强调试工具

```
conda install -c conda-forge debugpy tensorboard
pip install snoop birdseye
```

传统的断点调试只能在代码特定位置暂停执行,而智能断点则可以在满足特定条件时自动触发。例如,在 PyCharm 中,我们可以为断点设置条件表达式,从而只在特定情况下暂停代码执行。这不仅提高了代码调试的效率,还避免了过多不必要的中断。

(1)PyCharm 设置条件断点示例

右键单击断点 > 设置条件表达式(如 data.shape[0] > 1000)。当数据量过大时,才会触发调试,从而节省调试资源。

(2)TensorBoard 实时监控变量分布

TensorBoard 不仅是深度学习中的重要可视化工具,也可用于实时监控变量的变化,通过示例 2.11 所示的命令监控,可以帮助我们更直观地理解模型训练过程中的异常情况。

示例 2.11　TensorBoard 实时监控

```
tensorboard --logdir=./logs
```

2. 交互式问题定位

在 AI 系统调试过程中,能够实时修改代码、观察变量变化是非常重要的。传统的调试方法只能在固定断点处暂停并分析问题,但在交互式调试中,开发者可以直接修改代码并观察效果,从而快速定位问题所在,如示例 2.12 所示。

示例 2.12　问题定位代码

```
# 使用 birdseye 进行表达式跟踪
from birdseye import eye

@eye
def data_preprocessing(df):
    return df.dropna().apply(lambda x: x * 2)
```

实时诊断技巧:

(1)在 Jupyter 中,执行%debug 命令启动事后调试器,能够在程序出错时自动跳转到错误位置,进行更深层次的分析。

(2)使用 PyCharm 的 Evaluate Expression 功能可以在运行过程中实时修改变量值(快捷键 Alt + F8),快速验证假设并调整代码逻辑。

通过以上方法的结合,开发者不仅能够更高效地定位问题,还能在实时调试过程中做出快速的决策和调整,极大地提高了调试效率和代码质量。

这些工具和技巧的结合,标志着智能调试时代的来临,能够为深度学习开发者提供更强大的问题诊断功能,最终推动 AI 开发流程的全面革新。

▶▶▶ 2.3.2　环境验证矩阵:构建四维质量评估体系

AI 开发环境的复杂性不仅仅体现在代码层面,硬件、依赖库及接口等多个层面都需要进行严格的验证,以确保每一个组件都能够稳定运行。为了保证环境的稳定性和可控性,必须构建一个层次化的环境验证矩阵,全面覆盖从硬件到软件、再到接口的各个方面。通过这些验证手段,开发者能够提前识别并解决潜在的环境问题,确保系统的高效运行。

为了系统化地评估开发环境的稳定性，我们设计了一个四维质量评估体系，涵盖以下几方面。

（1）硬件层。确保硬件设备能够满足 AI 训练和推理的需求。

① NVIDIA-SMI 检测：检测 GPU 的状态，确保其正常工作。

② 内存带宽测试：评估内存带宽，以避免因带宽不足导致的性能瓶颈。

（2）软件层。验证 Python 环境以及相关库的正确配置，确保所有依赖能够兼容运行。

① Python 环境校验：确保所使用的 Python 版本与项目要求一致。

② CUDA 版本验证：确保 CUDA 和 cuDNN 版本与 TensorFlow、PyTorch 等深度学习框架兼容。

（3）接口层。检查外部 API 的响应速度与稳定性，确保它们的调用不会成为系统瓶颈。

① API 响应测试：验证 API 接口的响应时间及处理功能，避免因 API 调用延迟影响整体性能。

② 令牌有效性校验：定期检查 API 令牌的有效性，防止因令牌失效导致的系统异常。

1. 环境基线测试

首先，我们需要进行环境基线测试，确保硬件和软件的基本配置满足 AI 开发的需求。通过这些测试，开发者可以迅速识别出任何可能存在的硬件或环境问题，防止它们影响到开发进程，具体代码如示例 2.13 所示。

示例 2.13　环境基线测试代码

```
# 创建硬件基准测试
python -c "import tensorflow as tf; print(tf.config.list_physical_devices('GPU'))"
nvidia-smi --query-gpu=timestamp,name,pci.bus_id --format=csv
```

（1）TensorFlow GPU 配置检测。通过调用 tf.config.list_physical_devices('GPU')来检查是否能够成功识别 GPU 设备。

（2）NVIDIA-SMI 检测。通过执行 nvidia-smi 命令，获取 GPU 的时间戳、名称和外设组件互连标准（Peripheral Component Interconnect，PCI）总线标识符（Identifier，ID），确保 GPU 正常运行，并检测可能的硬件问题。

2. 依赖库兼容性验证

AI 开发中的依赖库版本匹配非常重要，尤其是在深度学习框架、CUDA 等关键库的版本之间必须保持兼容，否则会出现运行时错误，甚至导致系统崩溃。因此，必须通过版本兼容性检查，确保所有依赖库正确安装且相互兼容，示例如下。

示例 2.14　依赖检测

```
# 版本冲突检测脚本
from packaging.requirements import Requirement
import pkg_resources

def validate_dependencies():
  with open('requirements.txt') as f:
    for line in f:
```

```
req = Requirement(line.strip())
dist = pkg_resources.get_distribution(req.name)
if not req.specifier.contains(dist.version):
    raise ValueError(f"版本冲突: {req} 当前版本 {dist.version}")
```

上面的代码通过读取 requirements.txt 文件中的依赖项，结合 pkg_resources 库检查已安装库的版本。如果发现版本冲突，脚本将抛出异常，提醒开发者及时调整依赖版本。

通过建立一个多层次的环境验证矩阵，我们能够有效地监控并维护开发环境的稳定性。硬件、软件和接口的各个层面都经过全面验证，不仅可以确保基础设施的兼容性，还能提高 AI 开发过程的可靠性和效率。这种四维质量评估体系，作为 AI 开发环境稳定性的守护者，将为开发者提供强有力的保障，帮助团队快速定位并解决环境中的潜在问题。

▶▶▶ 2.3.3　版本控制：Git 基础配置与使用

在现代 AI 开发中，随着团队规模的不断扩大，代码版本管理的重要性日益凸显。传统的 Git 工作流虽然能够有效地跟踪代码的变更，但在处理大规模数据和复杂模型时，依然面临着管理和协作效率的问题。因此，通过将 AI 技术融入 Git 工作流中，可以智能化地优化版本控制流程，提升团队的协作效率，避免版本冲突并自动化常规操作。

在 AI 增强的 Git 工作流中，AI 技术不仅用于自动化常规任务，还能够为开发者提供实时的代码审查、版本合并建议及代码优化建议。以下是 Git 工作流中集成 AI 的几个关键组件。

（1）代码审查智能化。通过 AI 模型自动分析提交的代码，提供潜在的错误、性能瓶颈、代码风格等方面的建议。

（2）自动版本合并。基于历史提交记录，AI 能够智能预测合并冲突，并提前为开发者提供解决方案。

（3）模型版本管理。对于 AI 模型的训练结果和参数，AI 版本控制工具能够自动跟踪并标记不同版本的模型，确保版本的一致性和可重复性。

1.　智能代码审查与自动化建议

AI 可以在每次提交时自动执行代码审查，通过自然语言处理（Natural Language Processing，NLP）和机器学习技术，分析代码中的潜在问题，并提供修复建议，安装 pre-commit 示例如下。

示例 2.15　安装 pre-commit

```
# 安装 AI 增强的 Git 钩子工具
pip install pre-commit
```

通过 pre-commit 框架，可以在每次提交之前自动触发 AI 代码审查工具，如 pylint 或自定义的 AI 代码审查模型。这样可以确保每次提交都经过智能化审查，及时发现代码中的潜在问题，对应的 yaml 文件示例如下。

示例 2.16　pre-commit 配置

```
# .pre-commit-config.yaml 配置示例
- repo: https://github.com/pre-commit/mirrors-pylint
  rev: v2.9.6
  hooks:
  - id: pylint
    args: [--disable=missing-docstring]
```

AI 系统不仅会检测代码错误，还能提供关于代码风格的优化建议，保证团队中每个成员提交的代码符合统一标准，以节省代码审查的时间和精力。

2.　自动版本合并与冲突预测

在传统的 Git 工作流中，合并冲突是常见的问题。AI 可以通过分析历史版本和合并记录，预测不同分支的合并冲突，并提前提醒开发者进行处理，安装 git-imerge 的示例如下。

示例 2.17　安装 git-imerge

```
# 安装 git-imerge 工具
pip install git-imerge
```

git-imerge 允许在两个分支之间进行增量合并。当遇到冲突时，它能够精确地定位到引起冲突的提交对，并逐一提示用户解决这些冲突，示例如下。

示例 2.18　增量合并

```
# 使用 git-imerge 进行增量合并
git-imerge start <branch-name>
git-imerge continue
```

使用 AI 模型自动分析两个分支之间的差异，并根据历史的合并数据预测可能的冲突点。这能够极大地节省人工处理合并冲突的时间，提升团队协作的效率，示例如下。

示例 2.19　自动冲突检查

```
# 使用 AI 模型预测合并冲突
from git_merge_ai import merge_predictor

def predict_merge_conflicts(base_branch, feature_branch):
    predictor = merge_predictor.Predictor()
    conflicts = predictor.predict(base_branch, feature_branch)
    if conflicts:
        print("预测合并冲突位置:", conflicts)
    else:
        print("无合并冲突，安全合并")
```

基于 AI 的分析，系统能够为开发者提供自动合并建议，甚至在某些情况下，AI 可以自动完成合并操作，减少开发者的干预。

3.　模型版本管理与智能标记

AI 版本控制不仅仅局限于代码本身，还涉及模型训练过程中的参数、数据集和结果的版本管理。AI 模型往往需要经过反复训练和调优，因此，精确的版本控制显得尤为重要。我们可以通过示例 2.20 的命令来安装 AI 模型版本管理工具。

示例 2.20　安装 AI 模型版本管理工具

```
# 安装 AI 模型版本管理工具
pip install dvc
```

数据版本控制（Data Version Control，DVC）是一种专为数据科学和 AI 项目设计的版本控制工具，可以跟踪数据集、训练结果和模型文件。通过 DVC，我们能够为每个训练过程创建一个清晰的版本记录，以确保模型的可追溯性和重现性，示例如下。

示例 2.21　DVC

```
# 初始化 DVC 并跟踪模型文件
dvc init
dvc add model.pkl
git add model.pkl.dvc
git commit -m "添加训练模型版本"
```

AI 版本控制系统能够自动为每个模型训练版本生成唯一标志，并根据训练结果自动标记最优模型，便于后续的版本切换和回溯。

通过将 AI 技术嵌入 Git 工作流，我们不仅提升了版本控制的自动化程度，还能智能化地分析和解决代码审查、合并冲突和模型版本管理等问题。AI 增强的 Git 工作流能够显著提升团队协作效率，减少人为错误，并缩短开发周期，为 AI 开发团队提供更高效、更智能的版本管理工具。这一工作流的智能化进化，是推动 AI 开发流程优化和团队高效协作的关键一步。

2.4　构建智能文本生成系统：从零到一的实践

在完成环境构建与工具配置后，便可以进入最具成就感的实践环节——构建完整的文本生成系统。本节将通过工程化的视角，带领读者完成从基础 API 调用到高级参数调节的学习，最终形成可复用的文本生成解决方案。这不仅是简单的功能验证，更是理解现代生成式 AI 技术栈的重要实践。

▶▶▶ 2.4.1　系统架构设计

在构建智能文本生成系统之前，首先需要明确系统的整体架构。我们将采用模块化设计，将系统分为以下几个核心模块。

（1）输入处理模块。负责接收和预处理用户输入。

（2）模型调用模块。封装 DeepSeek API 调用逻辑。

（3）参数控制模块。管理生成参数（温度、top_p、max_tokens 等）。

（4）输出处理模块。对模型输出进行后处理和格式化。

（5）异常处理模块。处理各种异常情况，确保系统的稳定性。

（6）日志记录模块。记录系统运行日志，便于调试和分析。

示例2.22是系统架构的核心代码实现。我们首先定义一个TextGenerationSystem类，它将封装所有核心功能。

示例2.22　TextGenerationSystem类

```python
class TextGenerationSystem:
    def __init__(self, api_key):
        self.api_key = api_key
        self.client = DeepSeek(api_key=api_key)
        self.params = {
            'temperature': 0.7,
            'top_p': 0.9,
            'max_tokens': 500
        }
        self.logger = self._setup_logger()

    def _setup_logger(self):
        import logging
        logging.basicConfig(
            filename='text_gen.log',
            level=logging.INFO,
            format='%(asctime)s - %(levelname)s - %(message)s'
        )
        return logging.getLogger()

    def preprocess_input(self, user_input):
        # 实现输入预处理逻辑
        processed_input = user_input.strip()
        if not processed_input:
            raise ValueError("输入不能为空")
        return processed_input

    def generate_text(self, prompt):
        try:
            processed_prompt = self.preprocess_input(prompt)
            response = self.client.chat.create(
                messages=[{"role": "user", "content": processed_prompt}],
                **self.params
            )
            generated_text = self.postprocess_output(response.choices[0].
message.content)
            self.logger.info(f"成功生成文本: {generated_text[:50]}...")
            return generated_text
        except Exception as e:
            self.logger.error(f"文本生成失败: {str(e)}")
            raise

    def postprocess_output(self, text):
        # 实现输出后处理逻辑
        return text.strip()
```

> 请将上面的"api_key"替换成自己的key。
>
> **说明**

这个类实现了系统的核心功能，包括输入预处理、API 调用、输出后处理和日志记录。现在让我们看看如何使用这个系统，示例如下。

示例 2.23　运行系统

```
# 初始化系统
system = TextGenerationSystem(api_key="your_api_key")

# 生成文本
try:
    result = system.generate_text("请写一篇关于人工智能未来发展的短文")
    print("生成结果: ")
    print(result)
except Exception as e:
    print(f"生成失败: {e}")
```

运行后，部分输出示例如下。

示例 2.24　部分输出

生成结果：

人工智能的未来发展前景广阔。随着技术的不断进步，AI 将在医疗、教育、制造等多个领域发挥越来越重要的作用。在医疗领域，AI 可以帮助医生进行疾病诊断和治疗方案的制定，尤其是在数据分析和影像识别方面，AI 能够极大地提高诊断的准确性和效率，减少人为错误。此外，AI 还能够根据患者的个人信息和病历，提供个性化的治疗方案。

......

随着技术的不断发展和应用的不断拓展，人工智能将在越来越多的领域改变我们的生活和工作方式。未来，AI 不仅是技术发展的引领者，更将成为推动社会进步和创新的重要力量。

▶▶▶ 2.4.2　参数调节与优化

在文本生成系统中，参数调节是控制生成质量的关键。我们将实现一个参数优化器，帮助用户找到最佳的参数组合。

示例 2.25 是参数优化器的实现代码。它通过尝试不同的参数组合，找到最符合目标长度的生成结果。

示例 2.25　参数优化器

```
class ParameterOptimizer:
    def __init__(self, system):
        self.system = system
```

```
def optimize(self, prompt, target_length=300):
    best_result = None
    best_score = -1

    # 测试不同的温度值
    for temp in [0.3, 0.7, 1.0]:
        self.system.params['temperature'] = temp
        result = self.system.generate_text(prompt)

        # 计算得分（这里使用简单的长度匹配作为示例）
        score = 1 / (abs(len(result) - target_length) + 1)

        if score > best_score:
            best_score = score
            best_result = result
            best_params = self.system.params.copy()

    return best_result, best_params
```

让我们看看如何使用这个优化器来优化生成结果，示例如下。

示例 2.26　使用优化器代码

```
optimizer = ParameterOptimizer(system)
optimized_result, optimized_params = optimizer.optimize(
    "写一段关于深度学习的介绍",
    target_length=200
)

print("优化后的参数: ", optimized_params)
print("优化后的结果: ")
print(optimized_result)
```

运行上面的代码，得到的输出示例如下。

示例 2.27　深度学习输出

优化后的参数：{'temperature': 0.7, 'top_p': 0.9, 'max_tokens': 500}

优化后的结果：

深度学习是机器学习的一个分支，旨在通过多层神经网络模拟人脑的处理方式，从大量数据中自动提取特征，实现对复杂任务的高效处理。与传统的机器学习方法相比，深度学习能够自动进行特征提取，无须人工干预。其主要应用领域包括计算机视觉、语音识别、自然语言处理等。深度学习的成功得益于大规模数据集的可获取性、计算能力的提升，以及开源框架的普及。但是，深度学习也存在计算量大、硬件需求高、模型设计复杂等挑战。尽管如此，深度学习在人工智能领域的应用前景仍然广阔……

▶▶▶ 2.4.3　异常处理与系统监控

在开发智能系统时，异常处理和系统监控是确保系统稳定性和可靠性的关键环节。为了保证我们的文本生成系统在复杂的环境中运行时能够及时识别并应对各种异常情况，我们需要实现一个完善的异常处理机制和实时监控功能。通过对系统运行状态的持续监控和对异常的智能处理，可以在系统遇到问题时做出迅速反应，从而提高系统的稳健性和用户体验。

为了实现系统监控，我们设计了一个 SystemMonitor 类，该类可以实时监控系统的运行状态，并在发生异常时进行处理。具体实现代码示例如下。

示例 2.28　SystemMonitor 类

```python
class SystemMonitor:
    def __init__(self, system):
        self.system = system
        self.error_count = 0
        self.success_count = 0

    def monitor_generation(self, prompt):
        try:
            result = self.system.generate_text(prompt)
            self.success_count += 1
            return result
        except Exception as e:
            self.error_count += 1
            self._handle_error(e)
            return None

    def _handle_error(self, error):
        error_type = type(error).__name__
        if error_type == 'RateLimitError':
            print("达到速率限制，等待 60 秒后重试...")
            time.sleep(60)
        elif error_type == 'AuthenticationError':
            print("认证失败，请检查 API 密钥")
        else:
            print(f"未知错误: {str(error)}")

    def get_status(self):
        return {
            'success_count': self.success_count,
            'error_count': self.error_count,
            'success_rate': self.success_count / (self.success_count + self.error_count)
        }
```

接下来，我们通过模拟多次文本生成操作，来观察系统在实际运行中的监控状态，并测试异常处理的效果。示例代码如下所示。

示例 2.29　模拟多次文本生成

```python
monitor = SystemMonitor(system)

# 模拟多次生成
```

```
for i in range(5):
    result = monitor.monitor_generation(f"测试生成 {i+1}")
    if result:
        print(f"生成成功: {result[:50]}...")
    else:
        print("生成失败")

print("系统状态: ", monitor.get_status())
```

运行上面的代码，生成的输出示例如下。

2.30　多次文本生成的输出

生成成功：测试生成 1，这是一个测试生成的文本示例...

生成成功：测试生成 2，另一个测试生成的文本示例...

达到速率限制，等待 60 秒后重试...

生成失败

生成成功：测试生成 4，继续测试生成的文本...

生成成功：测试生成 5，最后的测试生成文本...

通过以上示例我们可以看到，系统能够在遇到不同类型的异常时作出相应的处理，比如速率限制问题时进行重试、认证失败时提示检查 API 密钥等。系统的监控状态也能准确反映成功与失败的次数，以及成功率。

这套系统架构不仅能够满足现有的需求，还能够根据实际情况进行灵活的扩展。例如，未来可以加入用户界面、支持多轮对话、内容过滤等新功能，进一步提升系统的功能性与用户体验。

2.5　小结

通过本章的学习，我们已经成功迈出了构建 AI 开发环境的关键一步。从账号注册与 API 密钥的获取，到本地与云端开发环境的构建，再到工具链的优化配置，每一个步骤都为我们的 AI 实验室奠定了坚实的基础。这些配置不仅让我们能够高效地运行 DeepSeek，还为后续的数据处理、模型训练和应用开发提供了灵活的支持。无论是初学者，还是有一定经验的开发者，本章提供的方法都能帮助我们快速入门，并在实践中不断地完善自己的工作流。

在这一过程中，我们不仅关注了环境的构建，更强调了工具链的整合与工作效率的提升。通过 Anaconda 虚拟环境的灵活管理、PyCharm 与 Jupyter 的深度协同，以及 Git 版本控制的规范使用，我们已经掌握了一个现代化 AI 开发者的核心技能。这些技能让我们能够从容应对开发中的各种挑战，无论是调试代码还是优化工作流程，都能做到游刃有余。同时，通过第一个文本生成实例的实践，我们也初步体验了 DeepSeek 的强大能力，这无疑为我们的后续深入探索 AI 应用增强了信心。

值得一提的是，本章的学习并非终点，而是一个全新的起点。环境构建和工具配置的熟练掌握，为我们在 AI 领域的进一步探索打开了大门。无论我们是计划开发更复杂的模型，还是希望将 AI 技术应用于实际场景，这些基础都将成为我们不可或缺的助力。在接下来的章节中，我们将基于这一环境，深入探讨 DeepSeek 的具体功能与实现方法，帮助我们从入门逐步走向精通。

最后，本章的学习成果是一个动态的过程。随着 AI 技术的不断发展，工具和平台也会持续更新。在未来的实践中，我们需要根据项目需求灵活调整配置，保持学习的开放性与前瞻性。到目前为止，我们已经拥有了一个功能完备的 AI 实验室，接下来就让我们带着这份成果，继续开启 DeepSeek 的智能之旅吧！

第2部分
DeepSeek在各领域的应用

第 3 章

DeepSeek 在办公与工具软件中的应用——打造智能办公新范式

一、从办公革命到智能升级：重构工作场景的 AI 力量

人工智能正以前所未有的速度重塑办公场景，将重复性工作转化为创造性工作。在文档处理、数据分析、文稿演示和会议管理等核心办公场景中，DeepSeek 展现出强大的智能化改造能力。本章将系统讲解如何将 DeepSeek 深度集成到 Office 三件套（Word/Excel/PPT）及会议管理系统，构建覆盖文档全生命周期、数据全链路处理、创意全流程支持的智能办公体系。通过 API 接口与自动化工作流的结合，我们将见证传统办公软件如何蜕变为具备自主思考能力的智能助手。

二、本章学习地图：四维构建智能办公体系

本章围绕四大核心场景，构建完整的智能办公解决方案。

（1）文档智能中枢（3.1 节）。实现文档的自动生成、智能解析与质量增强，让文字处理效率大幅提升。

（2）Excel 智能引擎（3.2 节）。通过自然语言驱动数据清洗和公式生成，打造会思考的电子表格。

（3）PPT 创作系统（3.3 节）。从内容生成到视觉设计全流程智能化，释放演示创作的创造力。

本章将带领读者突破传统办公软件的功能边界，通过 DeepSeek 实现办公从信息处理到智能决策的跨越。在掌握基础开发环境配置后，我们将聚焦如何将 AI 融入日常办公场景，让重复性工作自动化、复杂分析智能化、创意生成系统化。每个实战案例都经过精心设计，既包含 API 调用技巧，也涉及业务逻辑与 AI 技术的深度融合。通过本章的学习，我们将能够构建可落地的智能办公解决方案，真正实现"AI 赋能每个工作环节"的愿景。让我们从文档处理的智能化改造开始，开启这场办公效率革命。

3.1 智能文档处理中枢

在现代办公环境中，文档处理是日常工作中不可或缺的一部分。传统的手动文档生成、格式转换和质量校对不仅耗时耗力，而且容易出错。DeepSeek 的应用将为文档处理带来革命性的改变。通过其强大的自然语言处理能力，DeepSeek 能够自动生成文档、智能解析多种格式，并进行校对质量增强，极大地提高了工作效率和准确度。

▶▶▶ 3.1.1 文档自动生成系统

DeepSeek 支持自动化生成各类文档，如报告、合同和邮件等。用户只需通过自然语言指令，DeepSeek 即可根据预设模板和输入的数据，自动生成符合要求的文档。这种自动化生成不仅节省了大量时间，还确保了文档的一致性和专业性。

案例 3.1 自动生成周报

小明是一家科技公司的软件工程师，负责产品开发和技术支持工作。他记录的上周事务如示例 3.1 所示。

示例 3.1 小明记录的上周事务

周一
- 早上和客户支持部门开会，讨论了产品 A 的几个漏洞（bug）修复优先级，确认了两个紧急问题需要尽快解决。
- 下午修复了其中一个崩溃问题，但测试时又发现新的兼容性 bug，提交了新的项目评审（Project Review，PR）。
- 处理了几封客户邮件，解答了一些关于 API 接口的使用问题。

周二
- 参加了技术团队的例会，讨论了产品 A 的数据库优化方向，感觉内容太底层，和自己当前工作关联不大。
- 帮助技术支持部门回复一个客户的 API 调用问题，但客户的具体需求不清楚，后续又收到补充说明的请求。
- 晚上整理了一下上周的代码审查反馈，发现自己还有几项提交没有处理完。

周三
- 和产品经理开会，讨论产品 A 的用户界面（User Interface，UI）调整方向，感觉讨论得不太清楚，意见有些分歧。
- 研究了产品 A 的搜索功能优化需求，简单和开发团队对接了一下，但没有深入分析性能问题。

- 下午参加了公司内部关于提升工作效率的分享会，内容不错，但没有时间实践。

周四

- 处理了一些客户反馈的问题，包括一份关于文档更新的请求，做了几次修改提交给文档团队，但时间有限，没有仔细检查。
- 下午和质量保证（Quality Assurance，QA）团队讨论了自动化测试的编写计划，会议有些散漫，最后也没有明确开始时间。
- 继续整理下个版本的功能说明文档，主要是新增的日志功能，但排版出了点问题，决定周五再调整。

周五

- 继续处理文档排版问题，整理了部分内容，但仍然觉得有些地方需要再优化。
- 收到客户报告的一个 bug，但不属于自己负责的模块，最终转交给相关团队处理。
- 回顾本周工作，发现很多任务只是部分完成，计划下周继续推进。

这些记录较为零散且难以突出工作重点，因此，小明选择利用 DeepSeek 自动化工具对其进行整理和优化，生成了一份清晰、简洁的周报。示例 3.2 是生成周报的提示词。

示例 3.2 周报生成提示词

【你的角色和能力】

你是一个周报大师，你具备快速整理和总结工作内容的能力，能够将复杂的信息清晰、有条理地呈现出来。你擅长提炼重点、突出成果，并且能在周报中给予专业的建议并提出优化方向。

【我的需求】

我现在要写一份报告，上周我做的内容见附件"工作内容.doc"。请根据附件中的内容，帮助我编写一份清晰、简洁的周报。

【输出格式】

请按照以下格式帮我重写周报，并输出：

******

本周完成的主要任务

遇到的问题及解决方法

下周的工作计划

需要特别关注的事项

****

同时，你也可以根据你的经验，来进一步优化我上面的格式，让周报更具可读性和逻辑性，帮助我更好地向上级汇报工作。

将以上提示词复制到 DeepSeek 中，并上传附件，如图 3.1 所示。

DeepSeek 会很快根据需求，给出详细而整洁的周报内容，示例如下。

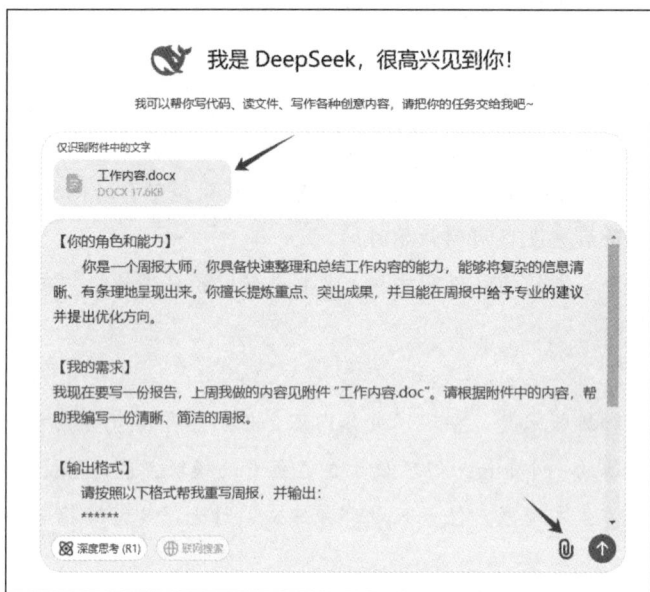

图 3.1　上传工作内容

示例 3.3　新的周报

本周工作周报

一、本周完成的主要任务

1. 产品 A 问题修复与优化

- 与客户支持部门确认 2 个紧急 bug 的优先级，完成崩溃问题修复，提交兼容性 bug 的 PR。
- 参加技术例会，讨论数据库优化方向；协助技术支持部门解决客户 API 调用问题，并跟进补充需求。
- 与产品经理对接 UI 调整方向，初步调研搜索功能优化需求。

2. 客户支持与文档管理

- 处理多封客户邮件，解答 API 接口使用问题。
- 响应客户文档更新请求，完成初步修改并提交文档团队。
- 整理版本功能说明文档（新增日志功能），完成部分排版优化。

3. 团队协作与学习

- 参与公司效率提升分享会，整理上周代码审查反馈。
- 与 QA 团队讨论自动化测试计划，梳理编写方向。

二、遇到的问题及解决方法

1. 技术问题

- **兼容性 bug 新增**：修复崩溃问题后测试发现新 bug，已提交 PR 并标记为高优先级，计划下周联调。
- **性能分析不足**：搜索功能优化仅完成需求对接，未深入性能测试，后续需与团队协作补充压测方案。

2. 协作与沟通问题

- **客户需求模糊**：API 调用问题因需求不清晰导致反复沟通，已要求客户提供完整用例文档。
- **会议效率待提升**：与 QA 团队的自动化测试会议未明确启动时间，已提议制定具体排期表。

3. 文档与流程问题

- **文档排版问题**：功能说明文档因时间紧张未彻底优化，计划下周结合团队反馈统一调整格式。

三、下周工作计划

1. 产品 A 开发与测试

- 跟进兼容性 bug 修复进度，完成测试和代码合并。
- 深入分析搜索功能性能瓶颈，输出优化方案。
- 推进 UI 调整方案落地，明确与产品经理的后续分工。

2. 客户支持与协作

- 持续跟进客户补充的 API 需求，协助完善调用示例。
- 推动自动化测试计划，与 QA 团队确认排期并启动初步脚本编写。

3. 文档与流程优化

- 完成功能说明文档的最终排版与审核，提交至版本发布流程。
- 整理本周客户问题 FAQ，同步至内部知识库。

四、需特别关注的事项

1. **高优先级任务**：兼容性 bug 修复需确保在下周三前完成测试并上线。
2. **客户需求闭环**：API 调用问题的补充文档需及时获取，避免进度拖延。
3. **跨团队协作**：与 QA 团队确认自动化测试排期，明确各环节负责人。
4. **文档质量把控**：功能说明文档提交前需经技术负责人二次审核，确保准确性。

优化说明

- **结构调整**：将任务按"产品开发""客户支持""协作学习"分类，逻辑更清晰。
- **重点突出**：成果部分强调 bug 修复、文档提交等交付物，问题部分明确影响与解决措施。
- **行动导向**：下周计划细化到具体动作（如"输出优化方案""确认排期"），便于跟踪执行。
- **风险提示**：在"需关注事项"中列出关键风险点，提醒上级潜在支持需求。

生成的周报与小明的上周事务记录相比，不仅结构更加清晰，而且重点突出，避免了冗长的细节，使得工作内容一目了然。通过明确分类和优先级标注，帮助上级快速抓住工作重点并制定后续计划。问题与解决方案分开列出，也使得周报更加简洁、易懂。总体而言，DeepSeek 生成的周报在逻辑性和可读性方面得到了显著提升，为工作汇报提供了有力的支持。

除了通过界面操作的方式使用 DeepSeek 生成周报外，我们还可以通过 API 的方式实现文档生成过程的完全自动化，其适用于需要批量生成周报或其他文档的场景。通过调用 DeepSeek

的 API，我们可以将工作内容直接输入系统中，并获得整理好的周报。

以下是使用 DeepSeek API 的代码示例，我们将使用 DeepSeek 的提示词生成周报。读取本地的"工作内容.doc"文档，自动化生成周报，代码示例如下。

示例 3.4　自动生成周报代码

```python
import os
from docx import Document
from openai import OpenAI

# 读取 docx 文件内容
def read_docx(file_path):
    doc = Document(file_path)
    content = []
    for para in doc.paragraphs:
        content.append(para.text)
    return "\n".join(content)

# 读取工作内容文档
file_path = "工作内容.docx"  # 同目录下的文件
work_content = read_docx(file_path)

# 设置 OpenAI API 客户端
client = OpenAI(api_key="<DeepSeek API Key>", base_url="https://api.
deepseek.com")

# 设定 prompt
prompt = f"""
```

【你的角色和能力】

你是一个周报大师，你具备快速整理和总结工作内容的能力，能够将复杂的信息清晰、有条理地呈现出来。你擅长提炼重点、突出成果，并且能在周报中给予专业的建议并提出优化方向。

【我的需求】

我现在要写一份报告，上周我做的内容见附件"工作内容.doc"。请根据附件中的内容，帮助我编写一份清晰、简洁的周报。

【附件内容】

{work_content}

【输出格式】

请按照以下格式帮我重写周报，并输出：

******

本周完成的主要任务

遇到的问题及解决方法

下周的工作计划

需要特别关注的事项

****

同时，你也可以根据你的经验，来进一步优化我上面的格式，让周报更具可读性和逻辑性，帮助我更好地向上级汇报工作。
"""

```python
# 调用 OpenAI API 生成结果
response = client.chat.completions.create(
    model="deepseek-chat",
    messages=[{"role": "system", "content": "You are a helpful assistant"},
        {"role": "user", "content": prompt}],
    stream=False
)

# 输出生成的周报
print(response.choices[0].message.content)
```

将上面的代码复制到 PyCharm 中，生成的周报示例如下。

示例 3.5　代码自动生成的周报

本周工作周报

一、核心工作进展

1. 产品 A 关键问题处理
- 紧急 bug 修复
  - 确认并修复客户支持部门提报的 2 个高优先级 bug（崩溃问题修复完成，兼容性 bug 提交 PR）。
  - 新增兼容性 bug 已标记为"紧急"，计划下周联合测试团队完成联调。
- 功能优化推进
  - 初步调研搜索功能性能优化需求，与开发团队完成初步对接。
  - 参与 UI 调整讨论会，整理分歧点并提交产品经理复审。
2. 客户支持与响应
- 处理客户邮件及 API 问题**
  - 解答 5+客户邮件，重点解决 API 接口调用疑问，响应率 100%。
  - 协助技术支持部门跟进模糊需求案例，要求客户补充完整调用示例文档。
- 文档更新与协作
  - 完成客户提出的文档更新请求，提交 3 次修订版本至文档团队。
  - 下版本功能文档（日志模块）完成 70%内容，剩余排版优化待处理。
3. 团队协作与效率提升
- 跨部门会议
  - 参与技术团队数据库优化讨论，提出简化底层逻辑的初步建议。
  - 与 QA 团队沟通自动化测试计划，初步明确分工但未定排期。
- 学习与改进
  - 整理上周代码审查遗留任务，制定个人待办清单。
  - 参加公司效率分享会，提炼 3 条可实践方法（如任务优先级矩阵）。

二、问题总结与应对策略

问题类型	具体问题	解决方案
技术障碍	修复崩溃问题后引发兼容性 bug	提交高优先级 PR，协调测试团队重点跟进
需求模糊	客户 API 需求描述不清晰	要求客户提供完整用例文档，同步技术验证
协作效率	自动化测试会议未明确排期	提议制定分阶段排期表，明确负责人
文档质量	功能文档排版未达预期	预留周五集中调整时间，同步团队审核

三、下周核心目标

1. 关键任务推进
- 产品 A 开发
  - 完成兼容性 bug 测试并合并代码，确保周三前上线。
  - 输出搜索功能性能优化方案（含压测数据）。
- 客户支持
  - 闭环 API 调用模糊需求，提交最终解决方案文档。
  - 整理高频客户问题 FAQ，更新至知识库。

2. 协作与流程优化
- 与 QA 团队确认自动化测试排期，启动脚本编写（目标：完成 30%基础用例）。
- 协调文档团队完成功能说明文档终稿审核，确保版本发布前交付。

3. 自我提升
- 实践效率分享会中的任务优先级矩阵，优化个人工作流。
- 清理代码审查遗留任务，确保 100%闭环。

四、风险与需支持事项

- 风险点
  - 兼容性 bug 测试可能因环境问题延迟，需测试团队优先支持。
  - 客户补充文档若未及时提供，将影响 API 问题解决进度。
- 需支持
  - 请上级协调测试资源，确保 bug 修复按时上线。
  - 建议产品经理明确 UI 调整方案的分工与优先级。

版本优化亮点

1. **表格化问题管理**：通过表格清晰对比问题与应对措施，便于快速理解。
2. **数据量化成果**：标注"响应率 100%""完成 70%内容"等数据，增强说服力。
3. **风险分级提示**：区分风险点与需支持事项，帮助上级快速决策。
4. **任务绑定目标**：下周计划中明确量化目标（如"完成 30%基础用例"），提升可执行性。

值得一提的是，DeepSeek 的 API 不仅可以处理单个文件，还支持批量读取多个文件并汇总。通过调整代码中的文件读取部分，DeepSeek 可以轻松地处理多个文档，并将它们的内容整合到一起，生成一个汇总性的周报或其他类型的报告。这种批量处理能力使得 DeepSeek 的自动化文档生成系统在处理大量的数据和文档时，能够极大地提高效率，节省大量人工整理和汇报的时间，特别适用于需要定期生成报告或处理多个项目任务的场景。

无论是通过界面操作，还是通过 API 进行批量处理，DeepSeek 都能帮助用户实现文档的快速生成。在实际工作中，DeepSeek 为企业和团队提供了一个高效、可靠的文档自动化解决方案，不仅提升了报告的质量，还极大地降低了人工操作的烦琐度。这种智能化的工作方式为团队的沟通与协作提供了坚实的技术支持。

▶▶▶ 3.1.2 文档质量增强：自动校对与风格统一实战

在现代办公环境中，文档的质量直接影响到企业的工作效率和专业形象。尤其是合同、报告等正式文件，它们需要保持准确性、一致性和规范性。DeepSeek 的自动校对和风格统一功能，为提升文档质量提供了全新的解决方案，不仅能自动发现语法和拼写错误，还能统一文档格式，确保风格一致，避免因人为失误和不一致产生的问题。

案例 3.2 自动校对与风格统一合同文档

李律师是某法律事务所的合伙人，负责审核和修改公司客户的合同文件。由于合同内容通常较为复杂，涉及法律条款、付款方式、责任分配等多个方面，手动校对和格式统一非常耗时。

其中一个原始合同有多个需要改进的问题，包括语法错误、拼写错误和格式不统一等，具体内容示例如下。

示例 3.6 原始合同文件

合同编号：123456

甲方：（公司名称）

乙方：（公司名称）

一、合作内容

为了完善乙方业务开展，甲方同意给予乙方部分资源支持。合作内容如下：

甲方将提供相关技术文档与 API 接口支持

乙方需要根据甲方要求定期提交业务报告

双方约定定期回顾合作进展，以确保目标实现

二、付款方式

甲方将在收到乙方提交的报告后进行付款。付款日期以乙方提供的报告时间为准，支付方式为银行转账。

三、保密条款

乙方在合作期间不得泄露甲方的商业机密，违者甲方有权要求赔偿损失。

四、合同的解除

如果乙方未按时完成工作，甲方可根据合同条款要求解除合同。

五、其他条款

其他事项在实际执行过程中，由双方另行协商。

合同结束

为提升工作效率，李律师决定使用 DeepSeek 的自动校对与风格统一功能来处理合同文件。李律师将该合同文档上传，提示词示例如下。

示例 3.7　校对合同提示词

【你的角色和能力】

你是一个法律文档专家，精通合同校对和风格统一，能够精准识别并修正合同中的语法、拼写、标点错误，同时确保格式符合行业标准。你拥有丰富的经验，能够根据合同内容提供专业的风格统一建议，使文档表达更加清晰、规范和正式。

【我的需求】

我有一份合同文件需要校对和优化，文件名为"合同.doc"。请根据以下任务要求，帮助我完成文档的审阅和优化。

1. **语法和拼写修正**：查找并修正文档中的所有语法错误、拼写错误及标点符号使用问题。

2. **格式统一调整**：确保文档格式统一，包括字体、段落间距、标题样式、编号规范等，使其符合行业标准和专业要求。

3. **表达优化与逻辑改进**：根据文档内容提供修改建议，改进表述，使语言更加清晰、正式和流畅，确保法律条款的准确性和易理解性。

4. **行业标准检查**：对照相关行业标准，检查合同条款是否存在潜在的法律或行业不规范之处，并提出优化建议。

【输出格式】

请按照以下结构提供修改结果。

1. 语法和拼写修正

列出所有修正的语法错误、拼写错误，以及标点符号问题。

2. 格式统一调整

说明格式调整的具体位置和改动，如字体、标题、编号、段落对齐等。

3. 表达优化与逻辑改进

提供修改前后的对比和优化建议，帮助提升文档表达的准确性、正式性和清晰度。

4. 行业标准检查

列出文档中的潜在法律或行业不规范问题，并提供修改建议。

附加说明：

如有任何建议或改进意见，帮助文档更加规范清晰，请在完成校对后一并提出。

DeepSeek 根据需求，给出的新的合同示例如下。

示例 3.8　DeepSeek 校对后的合同

合同编号：123456

甲方：（公司名称）

乙方：（公司名称）

一、合同内容

为支持乙方业务的开展，甲方同意向乙方提供部分资源支持。双方合作的具体内容如下。

1. 甲方将提供相关的技术文档与 API 接口支持。

2. 乙方应根据甲方的要求，定期提交业务报告。

3. 双方约定定期回顾合作进展，以确保合作目标的实现。

二、付款方式

1. 甲方将在收到乙方提交的业务报告后进行付款。

2. 付款日期以乙方提交报告的时间为准，支付方式为银行转账。

三、保密条款

1. 乙方在合作期间不得泄露甲方的商业机密。

2. 如乙方违反保密义务，甲方有权要求其赔偿因此造成的损失。

四、合同的解除

1. 如乙方未按时完成工作或未履行合同义务，甲方有权根据合同条款解除合同。

2. 合同解除后，双方应按照合同约定处理未完成的事项。

五、其他条款

1. 本合同未尽事宜，由双方在实际执行过程中另行协商。

2. 本合同自双方签字盖章之日起生效。

合同结束

校对后的合同在语言表达上更加清晰、正式和流畅，修正了原文中的语法和逻辑问题；优化了条款的表述，使其更符合法律文本的严谨性。同时，合同的格式经过统一调整，标题、编号、段落间距等均符合行业标准，文档整体结构更加美观、易读，提升了合同的专业性和可读性。

▶▶▶ 3.1.3 多格式文档智能解析：PDF/Word 信息抽取

在现代办公场景中，企业需要处理各种格式的文档，如 PDF 合同、Word 报告、PPT 演示文稿等。这些文档通常包含大量有价值的信息，但传统的整理方式效率低，且容易出错。为此，DeepSeek 通过其多格式文档智能解析技术，打破了格式和平台的限制，实现了信息的精准抽取与结构化整合。通过该技术，用户能够高效地从各种文档中提取关键数据，进而提升信息的利用率，帮助企业快速获取决策所需的精确内容。

案例 3.3 市场分析报告跨格式信息整合

某咨询公司的项目经理张先生，需从客户提供的《2025 年智能家居市场分析报告》中提取核心数据并制作简报。原始材料包含：①PDF 文件：第三方机构调研数据（含表格、图表）；②Word 文档：客户内部市场策略草案。

问题：

（1）格式限制。PDF 内容无法直接编辑，Word 数据分散。

（2）信息冗余。重复内容需去重，关键数据需分类整合。

（3）效率瓶颈。手动整理耗时 3 小时以上，且易遗漏细节。

PDF 文档的部分示例如下。

示例 3.9　PDF 文档片段

```
2025 年智能家居市场规模预测（单位：亿元）
|国家/地区 | 2023 年 | 2024 年 | 2025 年（预测） |
|--------|--------|--------|----------------|
| 中国    | 1200   | 1500   | 2000           |
```

| 北美 | 1800 | 2100 | 2500 | |

……（其余表格省略）

Word 文档的部分示例如下。

示例 3.10　Word 文档片段

市场策略草案

目标： 2025 年抢占国内市场份额 15%，重点布局一线城市。

实施计划：

- Q1：完成产品线升级，推出人工智能物联网（Artificial Intelligence of Things，AIoT）智能中控系统；

- Q2：与头部地产商合作，建立样板间；

……（其余内容省略）

张先生通过 DeepSeek 提取这些文档的信息并总结，提示词示例如下。

示例 3.11　多文档分析提示词

【你的角色和能力】

你是一名资深数据分析师，擅长从各类文档（PDF、Word、PPT）中提取关键信息，并整合为统一格式的结构化报告。你能够高效地识别重要数据、去除冗余内容，同时为报告提供可行的可视化建议。

【我的需求】

请从附件的这几份文档中提炼核心信息并整理为结构化报告。

PDF 文件：提取关于智能家居市场规模预测的表格数据（优先考虑中国和北美地区的数据）。

Word 文档：提炼市场目标、实施计划及相关时间节点。

【输出格式要求】

请根据以下结构输出报告：

市场规模数据（表格展示，包含中国/北美地区数据，按年度/季度分列）

核心市场策略（分点呈现，突出关键目标与行动步骤）

竞争分析摘要（包括竞争者对比及策略建议）

可视化建议（推荐图表类型，并说明其适用场景和展示效果）

DeepSeek 完成这几份文档的数据提取和分析后，分析结果示例如下。

示例 3.12　DeepSeek 分析结果

1. 市场规模数据

国家/地区	2023 年/亿元	2024 年/亿元	2025 年预测/亿元
中国	1200	1500	2000
北美	1800	2100	2500

2. 核心市场策略

（1）目标。2025年国内市场份额达到15%，聚焦一线城市布局。

（2）实施计划。

① Q1：完成AIoT智能中控系统研发与产品线升级。

② Q2：与万科、碧桂园等头部地产商合作建设智能样板间。

③ Q3~Q4：启动全国范围内营销推广活动。

3. 竞争分析摘要

（1）竞争格局。

A公司（25%）＞B公司（18%）＞C公司（15%）；

当前市场集中度较高，头部企业优势明显。

（2）差异化策略。

提供高端定制化服务（如全屋智能场景设计）。

硬件毛利润压缩至10%以下，通过软件服务盈利。

4. 可视化建议

（1）市场规模趋势图。使用折线图对比中国和北美地区2023~2025年增长趋势。

（2）竞争格局分布图。饼状图展示头部企业市场占有率。

（3）实施计划甘特图。时间轴标注Q1~Q4关键里程碑。

说明　对于多格式文档解析，很自然地可以通过API实现，具体的操作将会在后面的第7章数据分析章节详细阐述。

通过DeepSeek的多格式文档智能解析技术，张先生能够快速提取和整合多个文档中的关键信息，极大地提升了报告制作的效率与准确性。DeepSeek不仅能够智能地处理各类文档格式，还能通过数据整合与去重技术，确保输出信息的精准性与一致性。此外，DeepSeek的可视化建议有助于将复杂的数据转化为易于理解的图表，以便进一步支持决策的制定。

借助DeepSeek，企业能够实现从信息碎片到决策依据的智能化升级，推动办公效率的提升和决策过程的优化。无论是市场分析报告、财务数据整理，还是产品开发规划，DeepSeek都能通过其智能解析技术，帮助企业提高文档处理效率，减少人为错误，确保业务操作的精准性和高效性。

3.2 Excel 智能处理引擎

在数据驱动的现代办公场景中，Excel作为核心工具承载了大量业务数据，但传统的数据清洗、异常值处理和数据分析流程复杂、效率低且容易遗漏等问题也普遍存在且难以解决。DeepSeek通过智能化算法与规则引擎的结合，实现了数据处理的自动化闭环，从异常检测到智能修正，再到可视化数据分析，全面重构了Excel工作流程。

▶▶▶ 3.2.1 数据清洗自动化：异常值检测与智能修正

在数据分析中，异常值的存在可能会导致数据分析结果产生偏差。传统的异常值检测和修正方法通常需要手动操作，耗时且容易遗漏。DeepSeek 通过智能化的方式，自动识别并修正数据中的异常值，以确保数据的准确性和可靠性。

案例 3.4　数据清洗自动化

小王是一家电商公司的数据分析师，在整理本月销售数据时，发现原始表格存在异常值（如负销售额、非数字字符、超范围值等）。手动处理耗时且易遗漏，因此他选择使用 DeepSeek 进行数据自动化清洗。原始销售数据如表 3.1 所示。

表 3.1　原始销售数据

订单 ID	商品名称	销售额/元	销量/件	客户评分（1～5 分）/分
001	无线鼠标	150.0	10	4.5
002	机械键盘	−299.0	5	3.8
003	蓝牙耳机	899.0	2	6.0
004	移动电源	120.0	12	无
005	显示器	2500.0	3	5.0
006	笔记本电脑	899.0	1	4.2
007	鼠标垫	50.0	20	4.0

上面的订单数据中存在负销售额、评分超范围等多种问题。小王使用 DeepSeek 直接清洗该数据表，提示词示例如下。

示例 3.13　清洗数据提示词

【你的角色和能力】

你是 Excel 数据处理专家，擅长识别异常值并提供智能修正方案，能够自动检测数据中的负值、格式错误、重复值等问题，并根据业务逻辑进行修复。

【我的需求】

请分析附件"销售数据.xlsx"中的异常值，完成以下操作。

1. 检测并修正负值销售额（若为录入错误，则取绝对值）。

2. 修正客户评分范围（1～5 分），超限值替换为 5 分。

3. 删除无法修复的非数字字符（如"无"）。

4. 标记重复销售额并提示人工复核。

【输出要求】

输出清洗后的完整表格，并附异常值处理报告。

上传文件后，DeepSeek 自动检测其中的异常值，并执行清洗操作，新生成的销售数据如表 3.2 所示。

表 3.2　DeepSeek 生成的销售数据

订单 ID	商品名称	销售额/元	销量/件	客户评分（1～5 分）/分	备注
001	无线鼠标	150.0	10	4.5	无异常
002	机械键盘	299.0	5	3.8	负值修正为正值
003	蓝牙耳机	899.0	2	5.0	评分超限修正为 5 分
004	移动电源	120.0	12	—	删除非数字字符
005	显示器	2500.0	3	5.0	无异常
006	笔记本	899.0	1	4.2	重复销售额需复核
007	鼠标垫	50.0	20	4.0	无异常

同时，DeepSeek 给出了异常处理报告和优化建议，示例如下。

示例 3.14　异常处理报告和优化建议

1. 异常处理报告

（1）负值修正。订单 ID 002 的销售额从 -299 元修正为 299 元。

（2）评分标准化。订单 ID 003 的评分从 6.0 修正为 5.0。

（3）无效数据删除。订单 ID 004 的"无"评分被清除。

（4）重复值提示。订单 ID 003 和 006 的销售额重复，建议人工确认是否为真实数据。

2. 优化建议

（1）自动化规则配置。可预设"销售额不得为负""评分区间限制"等规则，未来数据录入时实时校验。

（2）数据可视化。生成销售额分布图，直观地展示异常值修正后的数据趋势。

（3）格式统一。建议客户评分字段强制设置为数字格式，避免非标准输入。

通过 DeepSeek 的智能处理，表 3.1 中的异常值被成功识别并修正，确保了数据的准确性。这种自动化的数据清洗极大地提高了工作效率，减少了人为产生的错误。

总的来说，通过 DeepSeek 的 Excel 智能处理引擎，用户可以轻松地实现数据清洗和异常值检测，提高数据处理的效率和准确性。无论是从事财务分析、市场调研还是其他数据密集型工作，DeepSeek 都能提供强大的技术支持，助力用户在办公中实现智能化转型。

▶▶▶ 3.2.2　动态报表生成：自然语言指令转 Excel 公式

在传统 Excel 操作中，用户需手动编写复杂公式或函数，不仅耗时且易出错。DeepSeek 通过自然语言理解技术，将用户指令直接转化为可执行的 Excel 公式，并支持动态更新报表，大幅降低了技术门槛，提升了数据处理的效率。

案例 3.5　动态报表生成

小李是某零售企业的财务主管，需根据销售数据生成季度动态报表，包含以下指标。

（1）销售额环比增长率。需动态计算每月增长情况。

（2）区域销售占比。生成自动更新的数据透视表。

（3）达标预警。自动标记未完成目标的商品。

（4）TOP3 商品筛选。根据销售额动态排序。

原始销售数据如表 3.3 所示。

表 3.3　原始销售数据

月份	区域	商品名称	销售额/万元	销售目标/万元
2024Q1	华东	商品 A	120	100
2024Q1	华北	商品 B	85	90
2024Q2	华东	商品 A	150	110
2024Q2	华北	商品 C	95	95

小李使用 DeepSeek 的自然语言转公式功能，提示词示例如下。

示例 3.15　动态报表生成提示词

【你的角色和能力】

你是 Excel 公式专家，擅长将自然语言需求转化为精确的 Excel 函数和动态报表结构。

【我的需求】

基于"销售数据.xlsx"完成以下操作。

（1）在 F 列计算"销售额环比增长率"，公式逻辑：

（当前季度销售额 − 上季度销售额）/ 上季度销售额。

（2）生成按区域汇总的销售额占比透视表（自动随数据更新）。

（3）在 G 列标记"是否达标"：销售额≥目标显示"完成"，否则显示"缺口值"（如"缺口 5 万元"）。

（4）在 H 列自动筛选每个区域销售额排名前 3 名（TOP3）的商品。

【输出要求】

输出带公式的工作表，并附公式逻辑说明文档

DeepSeek 根据需求自动填充公式并生成的动态报表如表 3.4 所示。

表 3.4　DeepSeek 生成的动态报表

月份	区域	商品名称	销售额/万元	销售目标/万元	环比增长率	是否达标	TOP3 标记
2024Q1	华东	商品 A	120	100	—	完成	是
2024Q1	华北	商品 B	85	90	—	缺口 5 万元	否
2024Q2	华东	商品 A	150	110	25%	完成	是
2024Q2	华北	商品 C	95	95	11.76%	完成	是

同时，DeepSeek 给出的公式说明文档示例如下。

示例 3.16　公式说明文档

1. 环比增长率公式

```
=IFERROR((C2-LOOKUP(1,($A$1:A1=A2)*($B$1:B1=B2),$C$1:C1))/LOOKUP(1,
```

```
($A\$1:A1=A2)*($B\$1:B1=B2),$C\$1:C1),"—")
```
* 使用 LOOKUP 匹配同区域上季度数据,IFERROR 处理首季度无数据情况

2. 达标判断公式
```
=IF(C2>=E2,"完成","缺口"&TEXT(E2-C2,"0万"))
```
* 结合 IF 函数与 TEXT 格式化输出

3. TOP3 筛选公式
```
=IF(C2>=LARGE(IF(($A\$2:$A\$5=A2)*($B\$2:$B\$5=B2),$C\$2:$C\$5),3),"是","否")
```
* 使用 LARGE 函数动态计算区域前 3 阈值

使用 DeepSeek 的智能转换功能,用户无须记忆复杂的函数语法,只需用自然语言描述需求即可生成可执行的动态报表。该功能尤其适用于财务分析、销售监控等需要高频更新数据的场景,实现"一次配置,持续生效"的自动化办公模式。

总的来说,DeepSeek 的自然语言指令转 Excel 公式功能,极大地简化了动态报表的生成过程,提高了办公效率。无论是从事财务分析、市场调研,还是其他数据密集型工作,DeepSeek 都能提供强大的技术支持,助力用户在办公中实现智能化转型。

3.3 PPT 智能创作系统

在数字化转型的办公场景中,PPT 制作是信息传递的核心载体,但传统的内容组织、设计排版和逻辑梳理耗时费力。DeepSeek 通过自然语言理解与结构化内容生成技术,实现了从大纲构思到完整 PPT 的智能化创作闭环,结合 Kimi PPT 助手的多模态生成能力,打造高效、专业的智能创作范式。

▶▶▶ 3.3.1 结构化内容自动生成:从大纲到完整 PPT

首先,DeepSeek 的 PPT 智能创作系统会生成一个结构化的 PPT 大纲,包含各章节的标题和内容要点。然后,用户可以根据需要对大纲进行调整和修改。最后,DeepSeek 会基于修改后的大纲自动扩展每个章节的内容,从而生成完整的 PPT 页面。用户还可以选择不同的模板和设计风格,进一步优化 PPT 的视觉效果。

案例 3.6 结构化内容自动生成

小林是杭州某中学学生,需在校园文化周完成《诗画江南·最忆是杭州》主题 PPT。原始素材仅有零散的旅行照片和网络文章片段。使用 DeepSeek 智能提取杭州人文地理要素,生成结构化的内容框架后,调用 Kimi PPT 助手完成主题 PPT 的图文混排。

小林通过 DeepSeek 生成 PPT 大纲,提示词示例如下。

示例 3.17 生成 PPT 提示词

【你的角色和能力】

你是杭州文化传播大使,精通将文化、历史与视觉元素融合,擅长设计深具文化内涵的 PPT 框架,具备以下能力。

（1）深入挖掘和关联古诗词、历史典故与实景图片，为PPT增添艺术感和文化深度（如"苏堤春晓"与苏轼治水故事的结合）。

（2）熟练运用视觉和文字元素，展现江南水乡的自然风光与人文底蕴。

（3）整合和提炼多种文化资源，帮助你制作既有趣，又富有教育意义的内容。

【我的需求】

我是杭州某中学的学生，需要在校园文化周展示以《诗画江南•最忆是杭州》为主题的PPT。你可以根据我的要求提供以下素材。

（1）西湖全景图，突出西湖的诗意和美丽。

（2）灵隐寺飞檐的照片，与"灵隐飞渡"传说相结合，表达杭州的历史文化。

（3）龙井茶园的田园风光图，展现江南茶文化的精髓。

（4）河坊街夜景图，体现杭州传统与现代融合的风貌。

（5）相关的古诗词、典故和历史背景，帮助我更好地表达杭州的文化特色。

【输出要求】

请以Markdown格式输出PPT的大纲和内容。

每一部分内容需要包括图片建议、关联的诗词或典故，并简要说明如何结合这些元素增强PPT的文化深度。

输出内容应清晰、简洁，适合高中生理解和使用。

直接给我Markdown格式的内容。

DeepSeek根据需求生成Markdown格式的PPT大纲和内容，示例如下。

示例3.18　PPT Markdown格式大纲和内容

诗画江南•最忆是杭州

1. 西湖全景：诗意的自然画卷

  - **图片建议**：使用西湖的全景图，展现湖光山色，特别是苏堤、白堤的轮廓。

  - **诗词引用**：苏轼《饮湖上初晴后雨》——"水光潋滟晴方好，山色空蒙雨亦奇。"

  - **文化结合**：结合苏轼治理西湖的历史，讲述苏堤的由来，展现西湖不仅是自然美景，更是人文历史的见证。

2. 灵隐寺飞檐：历史的空中诗篇

  - **图片建议**：灵隐寺的飞檐特写，突出其古朴与精致。

  - **典故引用**："灵隐飞渡"传说，讲述济公和尚的神奇故事。

  - **文化结合**：通过飞檐的建筑风格，介绍中国古代建筑的智慧与佛教文化的融合。

3. 龙井茶园：茶香里的江南

  - **图片建议**：龙井茶园的田园风光，采茶人的劳作场景。

  - **诗词引用**：陆羽《茶经》——"茶之为饮，发乎神农氏。"

  - **文化结合**：介绍龙井茶的历史，如何从一片叶子成为世界闻名的饮品，体现江南茶文化的深厚底蕴。

4. 河坊街夜景：古今交融的市井画卷

  - **图片建议**：河坊街的夜景，灯火辉煌，人流熙攘。

- **历史背景**：河坊街作为杭州的老街，见证了杭州的商业繁荣与文化变迁。
- **文化结合**：通过对比古今河坊街的变化，展现杭州传统与现代的和谐共存。

5. 结语：杭州，诗与远方的交汇
- **图片建议**：杭州的标志性建筑或自然景观的合集。
- **诗词引用**：白居易《忆江南》——"江南忆，最忆是杭州。"
- **文化结合**：总结杭州的自然美景与人文历史，强调其作为文化名城的重要性。

备注：每一部分的内容都可以通过 PPT 的动画效果，逐步展示图片和文字，增强视觉冲击力和故事的连贯性。同时，可以邀请观众参与互动，比如猜诗词、分享对杭州的印象等，使展示更加生动有趣。

打开 Kimi 官网，如图 3.2 所示，单击"Kimi+"图标按钮。

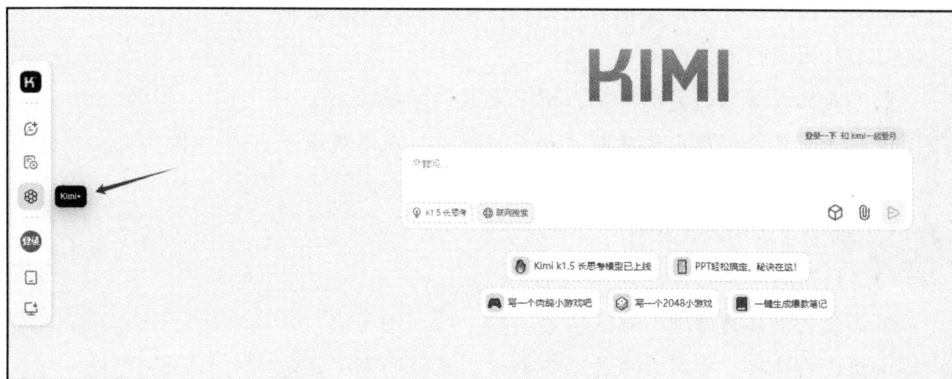

图 3.2　Kimi 界面

选择"PPT 助手"选项，如图 3.3 所示。

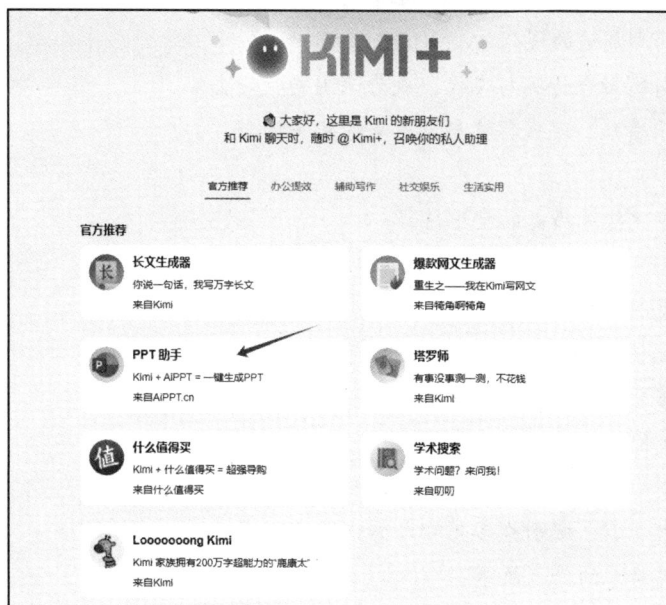

图 3.3　PPT 助手

将 DeepSeek 生成的 Markdown 格式的 PPT 大纲和内容复制粘贴到 PPT 助手中，Kimi PPT 助手会生成更详细的内容，示例如下。

示例 3.19　完整的 PPT 内容

诗画江南·最忆是杭州
1. 西湖全景：诗意的自然画卷
1.1 西湖自然风光的魅力
1.1.1 西湖四季美景
- 春日苏堤桃花盛开，柳枝轻摇，如诗如画，吸引无数游客漫步欣赏。
- 秋天平湖秋月，月色如银，湖面波光粼粼，与远处山峦相映成趣。
1.1.2 西湖的历史变迁
- 西湖形成于白垩纪晚期，历经地质变迁，成为如今的湖泊。
- 历史上多次疏浚，如苏轼治理西湖，使其成为江南名湖。
1.1.3 西湖的文化内涵
- 西湖是文人墨客的灵感源泉，留下无数诗词歌赋。
- 西湖十景蕴含深厚文化底蕴，如断桥残雪、花港观鱼等。

1.2 西湖周边的人文景观
1.2.1 西湖周边的古建筑
- 孤山上的浙江博物馆，建筑古朴典雅，收藏丰富。
- 湖边的雷峰塔，重建后成为西湖新景，见证西湖变迁。
1.2.2 西湖周边的名人故居
- 马一浮纪念馆，展现其学术成就与爱国情怀。
- 秋瑾故居，传承革命先烈的英雄事迹与精神。
1.2.3 西湖周边的现代景观
- 湖滨步行街融合传统与现代，成为休闲购物好去处。
- 西湖音乐喷泉，现代科技与自然美景完美结合。

2. 灵隐寺飞檐：历史的空中诗篇
2.1 灵隐寺的历史渊源
2.1.1 灵隐寺的创建与发展
- 灵隐寺始建于东晋咸和元年，历经千年风雨，香火不断。
- 历史上多次修缮，现存建筑多为明清风格。
2.1.2 灵隐寺的佛教文化
- 灵隐寺是禅宗重要寺院，传承佛教教义与禅修文化。
- 寺内藏经丰富，吸引众多僧侣与学者前来研习。
2.1.3 灵隐寺的传说故事
- 济公传说广为流传，济公曾在此修行，留下诸多神奇故事。

- 灵隐寺与飞来峰的传说，展现佛教文化的神秘与魅力。

2.2 灵隐寺的建筑特色
2.2.1 灵隐寺的飞檐斗拱
- 飞檐斗拱是中国古代建筑的智慧结晶，灵隐寺飞檐古朴典雅。
- 飞檐的曲线设计，既美观又实用，能有效防止雨水侵蚀。
2.2.2 灵隐寺的建筑布局
- 寺院依山而建，布局严谨，中轴线分明，体现佛教的庄严肃穆。
- 寺内建筑错落有致，与自然山水完美融合，相得益彰。
2.2.3 灵隐寺的雕刻艺术
- 寺内木雕、石雕精美绝伦，如大雄宝殿的木雕佛像栩栩如生。
- 飞来峰的石刻造像，展现了中国古代佛教雕刻艺术的高超技艺。

2.3 灵隐寺的文化传承
2.3.1 灵隐寺的宗教活动
- 灵隐寺定期举办佛事活动，如法会、禅修等，吸引信众参与。
- 寺院还开展佛教文化讲座，普及佛教知识，弘扬传统文化。
2.3.2 灵隐寺的文化交流
- 灵隐寺与国内外佛教界交流频繁，促进佛教文化的传播。
- 寺院还与高校、研究机构合作，开展佛教文化研究。
2.3.3 灵隐寺的旅游价值
- 灵隐寺是杭州著名的旅游景点，每年吸引大量游客。
- 寺院通过旅游传播佛教文化，实现文化与旅游的良性互动。

3. 龙井茶园：茶香里的江南
3.1 龙井茶的历史渊源
3.1.1 龙井茶的起源与发展
- 龙井茶始于唐代，陆羽《茶经》中已有记载。
- 经过千年发展，龙井茶成为世界名茶。
3.1.2 龙井茶的种植与采摘
- 龙井茶生长在西湖周边的山林中，土壤肥沃，气候适宜。
- 采摘时节，茶农们手工采摘嫩芽，保证茶叶品质。
3.1.3 龙井茶的文化传承
- 龙井茶与文人墨客结下不解之缘，留下众多诗词歌赋。
- 龙井茶的制作工艺被列入世界非物质文化遗产名录。

3.2 龙井茶的制作工艺
3.2.1 龙井茶的炒制过程

- 龙井茶采用手工炒制，工艺复杂，需经过杀青、回潮、辉锅等多道工序。
- 炒茶师傅凭借多年的经验，精准控制火候与手法，使茶叶色泽翠绿、香气浓郁。

3.2.2 龙井茶的品质特点

- 龙井茶外形扁平光滑，色泽嫩绿，香气清高持久。
- 冲泡后，汤色明亮，滋味甘醇，叶底嫩绿明亮。

3.2.3 龙井茶的品鉴方法

- 品鉴龙井茶需观其色、闻其香、品其味。
- 专业品茶师通过品鉴，能辨别茶叶的产地、等级与品质。

3.3 龙井茶的现代发展

3.3.1 龙井茶的品牌建设

- 龙井茶品牌众多，如西湖龙井、龙坞龙井等，各具特色。
- 品牌建设提升了龙井茶的市场竞争力，推动产业发展。

3.3.2 龙井茶的产业融合

- 龙井茶园与旅游相结合，开发茶旅项目，如茶乡一日游。
- 茶园还与文化创意产业融合，开发茶文化周边的产品。

3.3.3 龙井茶的国际影响

- 龙井茶在国际市场上享有盛誉，远销欧美、日本等地。
- 龙井茶文化也通过国际茶文化交流活动，走向世界。

4. 河坊街夜景：古今交融的市井画卷

4.1 河坊街的历史变迁

4.1.1 河坊街的起源与兴盛

- 河坊街始建于南宋，是杭州的商业中心之一。
- 古代河坊街店铺林立，商品丰富，热闹非凡。

4.1.2 河坊街的衰落与复兴

- 近代河坊街曾因战乱与城市变迁而衰落。
- 近年来，河坊街经过改造，重现昔日繁华。

4.1.3 河坊街的文化传承

- 河坊街保留了许多传统建筑与老字号店铺，如张小泉剪刀店。
- 这些老字号店铺传承了杭州的传统工艺与商业文化。

4.2 河坊街的现代风貌

4.2.1 河坊街的建筑风格

- 河坊街建筑以明清风格为主，青砖黛瓦，古朴典雅。
- 街道两旁的店铺装饰精美，充满江南水乡韵味。

4.2.2 河坊街的商业特色

- 河坊街汇聚了众多特色小吃与手工艺品店，如定胜糕、糖藕。

- 这些特色商品深受游客喜爱，成为杭州的名片。

4.2.3 河坊街的文化活动

- 河坊街定期举办传统民俗活动，如庙会、灯会。
- 这些活动丰富了市民与游客的文化生活，传承了传统文化。

4.3 河坊街的旅游价值

4.3.1 河坊街的旅游吸引力

- 河坊街是杭州热门旅游景点之一，每年接待大量游客。
- 夜晚的河坊街灯火辉煌，热闹非凡，更具魅力。

4.3.2 河坊街的旅游体验

- 游客可以在河坊街品尝美食、购买纪念品、体验传统工艺。
- 河坊街还提供导游讲解服务，让游客深入了解历史文化。

4.3.3 河坊街的旅游发展

- 河坊街不断优化旅游设施，提升服务质量。
- 通过旅游发展，河坊街带动了周边地区的经济增长。

5. 结语：杭州，诗与远方的交汇

5.1 杭州的自然美景与人文历史

5.1.1 杭州的自然风光

- 杭州拥有西湖、千岛湖等众多自然美景，山水如画。
- 这些自然景观吸引着世界各地的游客。

5.1.2 杭州的历史文化

- 杭州是历史文化名城，拥有悠久的历史与丰富的文化遗产。
- 从良渚文化到南宋文化，杭州见证了中华文明的发展。

5.1.3 杭州的现代发展

- 杭州在保护历史文化遗产的同时，实现了现代化发展。
- 杭州的互联网产业、文化创意产业等蓬勃发展，成为创新之城。

5.2 杭州的文化传承与创新

5.2.1 杭州的文化传承

- 杭州通过博物馆、文化遗址等载体，传承历史文化。
- 传统手工艺、民俗文化等在杭州得到保护与传承。

5.2.2 杭州的文化创新

- 杭州的文化创意产业不断涌现，如动漫、游戏等。
- 杭州的文化创新为传统文化注入了新的活力。

5.2.3 杭州的文化交流

- 杭州积极开展国际文化交流活动，如西湖博览会。
- 杭州的文化交流促进了中外文化的相互了解与融合。

5.3 杭州的未来展望

5.3.1 杭州的城市规划

- 杭州在城市规划中注重生态环境保护与历史文化传承。
- 杭州的未来将更加宜居、宜业、宜游。

5.3.2 杭州的产业发展

- 杭州将继续推动互联网、文化创意等产业的发展。
- 杭州的产业创新将为城市经济发展提供强大的动力。

5.3.3 杭州的文化魅力

- 杭州将继续传承与弘扬历史文化，打造文化名城。
- 杭州的文化魅力将吸引更多的游客与人才，成为诗与远方的交汇点。

单击"生成PPT"按钮，选择合适的模板场景和设计风格，如图3.4所示。

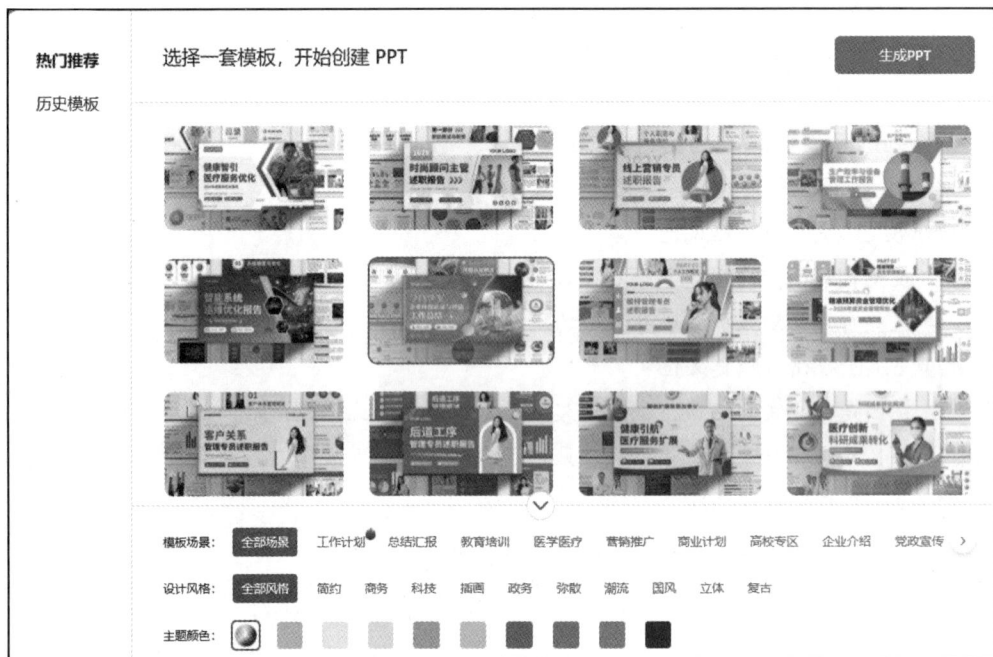

图3.4　选择合适的模板场景和设计风格

单击"生成PPT"按钮就能得到完整的PPT了，用户可以自由编辑和下载，如图3.5所示。

通过DeepSeek和Kimi PPT助手，用户可以轻松生成多种风格的PPT，满足不同内容的需求。无论是商务汇报、学术展示，还是创意方案，DeepSeek都能根据内容主题和风格要求，智能生成符合要求的PPT，快速提高工作效率。通过智能化的内容提取与排版优化，用户只需提供简要的关键信息，即可自动生成高质量的PPT，省时省力，轻松应对各种演示需要。

图 3.5 生成的完整 PPT

DeepSeek 的结构化内容自动生成功能，能够帮助用户实现从大纲到完整 PPT 的生成过程自动化，极大地简化了工作流程。借助 DeepSeek 的智能分析引擎，用户只需输入简单的大纲或主题，系统就能自动进行内容组织、风格设计与排版布局，快速生成符合需求的完整 PPT。这样的自动化处理不仅提高了效率，避免了手动操作的烦琐和差错，还确保了内容的结构清晰、表达精准。无论是商务报告、项目总结，还是学术分享，DeepSeek 都能为用户提供全面的智能化支持，推动企业向办公自动化和高效化转型。

▶▶▶ 3.3.2 PPT 内容自动总结：从繁杂到简洁的智能提炼

在传统的 PPT 制作中，用户往往需要根据内容手动整理要点，提取关键信息，耗费大量时间且容易遗漏重要信息。DeepSeek 通过自然语言理解和生成技术，能够将长篇冗杂的 PPT 内容快速总结为简明扼要的要点，并根据用户需求生成精炼的演示文稿大纲。

案例 3.7 PPT 内容自动总结

张总是某科技公司的产品经理，经常需要制作产品发布会的 PPT，但发布会 PPT 内容繁多、层次复杂。为了提高工作效率，张总决定使用 DeepSeek 自动总结 PPT 内容。

张总准备了一个 PPT，内容涵盖以下几大部分。

（1）产品背景与市场分析。

（2）竞争对手分析与差异化。

（3）产品核心功能介绍。

（4）用户反馈与产品优化。

（5）发布计划与未来展望。

PPT 内容包括大量文字、图表和数据，张总需要在短时间内提取各部分的核心要点，用于向团队展示整体战略。

张总将 PPT 上传到 DeepSeek，并使用以下提示词示例进行总结。

示例 3.20　提炼 PPT 提示词

【你的角色和能力】

你是 PPT 内容总结专家，擅长将长篇 PPT 内容提炼为简洁且有条理的要点，帮助用户快速掌握关键信息。

【我的需求】

基于"产品发布会.ppt"文件，总结每一部分的关键信息，生成简洁的大纲，并提炼出每部分的核心要点，忽略冗余内容。请为以下部分提供简洁的总结。

（1）产品背景与市场分析。

（2）竞争对手分析与差异化。

（3）产品核心功能介绍。

（4）用户反馈与产品优化。

（5）发布计划与未来展望。

DeepSeek 自动生成的 PPT 内容总结，如表 3.5 所示。

表 3.5　总结的 PPT 内容

幻灯片部分	核心要点
产品背景与市场分析	- 产品旨在填补市场空白，解决消费者的痛点； - 市场增长率达到 20%，预计未来 3 年将持续增长
竞争对手分析与差异化	- 竞争对手主要产品已过时，缺乏创新； - 我们的产品在功能和用户体验上有明显优势
产品核心功能介绍	- 提供智能推荐引擎，自动化处理数据； - 支持多平台集成，提升用户效率
用户反馈与产品优化	- 用户反馈主要集中在性能优化和界面简化上； - 下一版本将优化这些功能，提高用户的满意度
发布计划与未来展望	- 第一阶段发布计划已定，涵盖主要功能模块； - 长期计划包括人工智能集成和国际化发展

通过 DeepSeek 的智能总结功能，张总不仅节省了大量时间，还确保了 PPT 的内容清晰、重点突出，有效提升了发布会的准备效率。无论是产品介绍、市场分析，还是其他需要总结的 PPT 内容，DeepSeek 都能够提供高效的智能支持，帮助用户更好地管理信息，并快速转化为高质量的展示材料。

总的来看，DeepSeek 的 PPT 内容总结功能能够通过自然语言处理技术自动提取和整理关键信息，不仅提高了办公效率，还帮助用户实现了内容的智能化处理，使得繁杂的内容得以简化和优化。

3.4　小结

通过本章的学习，我们已经深入了解了 DeepSeek 在办公中的多种应用。首先，在智能文档处理方面，我们探讨了如何利用 DeepSeek 实现文档的自动生成、质量增强与风格统一，以及如何高效地解析 PDF 和 Word 格式的文档，为日常工作节省了大量的时间与精力。

然后，我们介绍了 Excel 智能处理引擎的应用，展示了如何通过自动化的数据清洗、异常值检测与修正，提高数据处理的准确率与效率。而通过自然语言指令转化为 Excel 公式的动态报表生成，进一步解放了用户的手动操作，让复杂的数据分析任务变得轻松、直观。

在 PPT 智能创作系统部分，我们探讨了从大纲到完整 PPT 的结构化内容自动生成，以及如何通过智能提炼功能将繁杂的内容进行总结，极大地提升了 PPT 的制作效率和质量。

总之，本章展示了 DeepSeek 在办公应用中的强大功能，通过智能化工具助力工作流程的优化，从而提高工作效率。在接下来的章节中，我们将更进一步地探讨 DeepSeek 在其他领域的应用，帮助大家全面掌握这一强大工具的使用技巧。

第 4 章

DeepSeek 在可视化思维工具中的 应用——构建智能化的视觉逻辑体系

一、从逻辑重构到视觉表达：智能化的思维革命

在信息爆炸的时代，将抽象思维转换为可视化结构已成为趋势。DeepSeek 通过自然语言理解与智能生成技术正在重塑思维导图和专业图表的设计范式。无论是产品经理的流程图解构、项目经理的甘特图规划还是教育工作者将教材转换为知识图谱，DeepSeek 都能实现从文字描述到视觉框架的智能跃迁。本章将聚焦两大核心应用场景，揭示如何通过 AI 技术将碎片化信息转换为结构化视觉表达，让思维过程可见、可编辑、可迭代。

二、本章学习路径：双重维度打造智能视觉系统

通过两大技术模块的系统化训练，读者能够掌握 AI 赋能的视觉思维方法论。

（1）思维导图智能生成系统（4.1 节）。突破传统思维导图制作模式，实现从文本大纲到多维知识图谱的智能转换。

（2）可视化图表自动生成（4.2 节）。基于自然语言描述，自动生成符合行业标准的流程图、甘特图等专业图表。

通过本章学习，读者可以获得将复杂信息快速视觉化的能力。从会议纪要到项目规划文档，从教学课件到技术文档，DeepSeek 的智能转换功能将帮助我们突破传统设计工具的操作局限，让视觉表达真正成为思维过程的自然延伸。本章我们将从打破思维导图设计的传统工作流开始，探索 AI 如何重构人类思维的视觉化呈现方式。

4.1 思维导图智能生成系统

在现代办公环境中，思维导图作为一种有效的思维整理和信息可视化工具，被广泛应用于项目管理、知识梳理和创意发散等领域。DeepSeek 的引入，为思维导图的生成和应用带来了

革命性的变化。借助其自身强大的自然语言处理功能，DeepSeek 能够根据用户输入的文本自动生成结构化的思维导图，从而极大地提升了工作效率和思维表达的准确性。

具体来说，DeepSeek 的思维导图智能生成系统能够根据用户提供的文本或指令自动生成多种类型的思维导图，包括树状图、鱼骨图和概念图等。用户只需输入相关内容，DeepSeek 即可快速生成清晰、结构化的思维导图，以帮助用户更好地理解和整理信息。

▶▶▶ 4.1.1 多种思维导图模板生成：组织结构图、时间轴图

DeepSeek 支持生成多种类型的思维导图模板，以满足不同场景的需求。

（1）组织结构图。展示成员之间的关系和层级结构，以帮助用户清晰了解组织内各个部分的关系和职责，适用于组织架构展示、团队成员职责分配等场景。

（2）时间轴图。展示事件的发生顺序和时间节点，以帮助用户理清事件的发展脉络，适用于项目管理、历史事件梳理等场景。

案例 4.1 企业数字化转型规划（组织结构图+时间轴图）

某制造企业决定进行数字化转型。王总作为技术负责人，需同步梳理技术架构升级路径和组织结构调整方案。原始资料包含的零散会议记录如下。

示例 4.1 零散的会议记录

会议纪要

1. 战略目标
- 我们的目标是在三年内实现全流程数字化，以确保公司能够全面得到数据驱动决策的支持。
- 需要先行建设一个智能工厂示范项目，以验证技术架构的可行性和效果。

2. 技术需求
- 一期实施的核心任务是部署 MES 系统（生产管理系统），它是数字化转型的基础。
- 现有的 ERP 系统需要进行云端迁移，以提高系统的弹性与可扩展性。
- 所有生产设备将进行物联网（IoT）改造，以确保可远程监控和管理设备状态。

3. 组织结构调整
- 为了提升数据驱动决策的能力，将成立一个数据决策部，负责 BI 分析和算法模型的开发。
- 同时，IT 部与自动化部将合并为一个新的数字技术中心，统一管理所有技术相关事务。
- 新组织结构还需要考虑如何提升跨部门协作效率，尤其是在项目的不同实施阶段。

王总通过 DeepSeek 来构建新结构图，提示词如下。

示例 4.2 生成新结构提示词

【你的角色和能力】
（1）企业架构咨询专家。
（2）具备深厚的企业架构设计、技术转型与组织结构重构经验，能够结合行业最佳实践

为企业提供量身定制的解决方案。

【我的需求】

我们企业正在进行数字化转型。我作为技术负责人，需同步规划技术架构的升级路径及组织结构调整方案。经过多轮高层讨论，现已形成初步框架，会议纪要见附件（"会议纪要.docx"）。请根据附件内容，帮助我进一步梳理并优化技术架构升级方案以及相应的组织结构调整方案，以确保两者相辅相成。

【输出要求】

请以 Markdown 格式提供以下内容。

（1）更新后的组织结构图。

（2）技术架构升级路径（包含关键节点和时间线）。

DeepSeek 根据需求生成的组织结构图（文本层级结构）如下。

示例 4.3　组织结构（Markdown 格式）

- 数字技术中心
  - IT 部（原 IT 部职能）
    - 基础设施组
    - 云平台组
    - 系统集成组
  - 自动化部（原自动化部职能）
    - 工业物联网组
    - 设备智能化组
  - 数据决策部（新增）
    - BI 分析组
    - 算法模型组
    - 数据治理组
- 生产运营部
  - 智能工厂示范项目组
  - 生产计划组
- 战略规划部
  - 数字化转型办公室
- 跨部门协作委员会（虚拟组织）
  - 技术协调组
  - 业务对接组

将以上的内容复制到一个 Markdown 文件中，并通过 XMind 导入，具体步骤如下。

（1）打开 XMind，单击左上角的三条横线图标。

（2）在弹出的菜单中选择"文件"选项，然后选择"导入"选项。

（3）在"导入"下，选择"Markdown"选项，如图 4.1 所示。

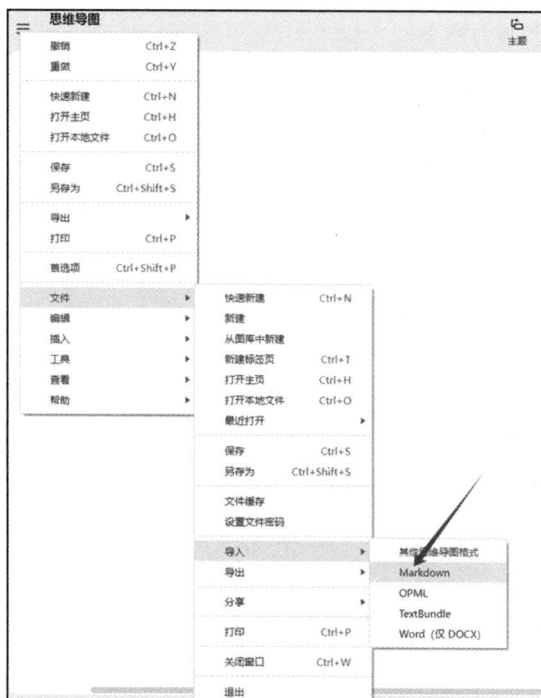

图 4.1　在 XMind 中导入 Markdown

（4）找到并选中 Markdown 文件，然后单击"确定"按钮以完成导入。

（5）在 XMind 中选择自己喜欢的画布，生成的组织结构图如图 4.2 所示。

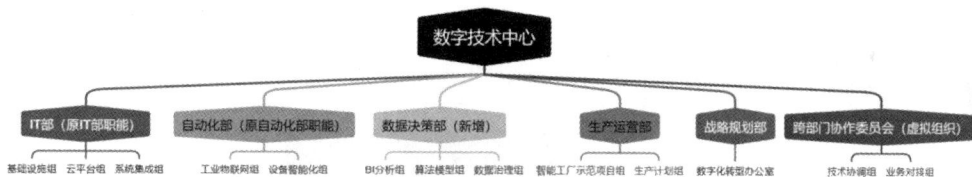

图 4.2　组织结构图

DeepSeek 按照要求和会议纪要，生成的技术架构升级路径（Markdown 格式）如下。

示例 4.4　技术架构升级路径（Markdown 格式）

```
## 第一年：基础能力建设
- Q1～Q2
  - 启动智能工厂示范项目
  - MES 系统选型与部署（核心生产流程数字化）
  - ERP 系统云端迁移规划
- Q3～Q4
  - 生产设备 IoT 改造（50%覆盖率）
  - 数据决策部组建（BI 分析平台构建）
  - 数字技术中心组织融合（IT 部与自动化部合并）
```

第二年：能力扩展与整合

- Q1～Q2
  - ERP 系统完成云端迁移（混合云架构）
  - 设备 IoT 全覆盖（远程监控能力上线）
  - 数据湖构建（整合 MES/ERP/IoT 数据）
- Q3～Q4
  - 算法模型开发（预测性维护/生产优化）
  - 跨部门协作流程标准化
  - 智能工厂验收（示范项目投产）

第三年：全面数字化运营

- Q1～Q2
  - 全流程数据贯通（端到端自动化决策）
  - 数字孪生系统试点
  - 组织结构优化（基于数据驱动的 KPI 体系）
- Q3～Q4
  - 技术架构标准化推广（复制到其他工厂）
  - 人工智能辅助决策系统上线
  - 三年目标验收（全流程数字化成熟度评估）

同样地，将上面的 Markdown 文件复制到一个新的文件中，并在 XMind 中导入，选择时间轴画布，生成的时间轴图如图 4.3 所示。

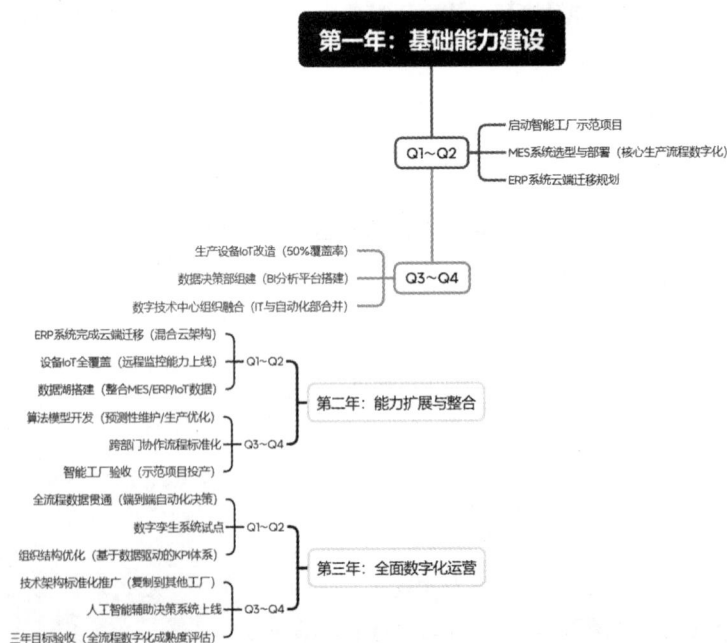

图 4.3　时间轴图

从上面的例子可以看出，DeepSeek 与 XMind 的结合能够极大地提升时间轴图和组织结构图的生成效率。通过 DeepSeek 智能化的分析与处理能力，用户可以轻松地生成项目的时间轴图，以清晰地展示关键时间节点和事件的发展过程。此外，用户借助生成的组织结构图能够快速明确团队或组织成员之间的层级关系，该图为团队管理提供了直观的支持。这些功能不仅节省了大量手动绘制的时间，还能帮助用户准确呈现复杂信息。

▶▶▶ 4.1.2　文档自动转思维导图：从文本到可视化结构

DeepSeek 的文档自动转思维导图功能能够将技术文档转换为结构化的思维导图，从而极大地提升了信息整理和理解的效率。

案例 4.2　迅速学习财务知识

小明作为刚入职某会计师事务所的新人，面对《企业会计准则》《税务筹划实务》《财务分析手册》等（十余份）专业文档（约 1200 页），需在两个月内构建完整的财务知识框架。通过 DeepSeek 的文档智能解析与结构化功能，可以快速生成可视化学习路径。

同时，原始文档类型十分混乱，包含了 PDF 版行业白皮书（含复杂表格）、扫描版政策文件、网页爬取的碎片化知识等各种文件。DeepSeek 支持上传多个文件，上限最多 50 个，每个不超过 100MB，如图 4.4 所示。

图 4.4　DeepSeek 上传文件限制

小明将文件全上传了，让 DeepSeek 帮忙构建一套学习计划，提示词如下。

示例 4.5　构建学习计划

【你的角色和能力】

（1）顶级财务顾问 + 成人学习专家。

（2）精通企业会计准则、税务筹划、财务分析等领域的理论与实践，具有深厚的会计背景与财务建模能力。同时，掌握成人学习理论，善于制定个性化学习路径，帮助学员高效吸收和应用复杂的财务知识。

【任务背景】

我刚入职某知名会计师事务所，面临大量专业文献（如《企业会计准则》《税务筹划实务》《财务分析手册》等，共计约 1200 页）学习以及多项与财务相关的工作任务。我需要在两个月内构建完整的财务知识框架，迅速掌握业务要点并有效应用在日常工作中。

【我的需求】

根据上述背景，制定一个为期两个月的学习计划，以帮助我在最短时间内高效掌握核心财务知识，并能灵活运用。计划中需要考虑以下几点。

（1）优先级明确，确保最重要的财务知识首先被掌握。

（2）高风险易错点标注（！符号）并提供专项学习提醒。

（3）针对成人学习曲线，安排适合的学习方式，以避免信息过载。

（4）每周学习进度安排，包含自测与实践环节，以确保知识掌握与实际应用同步。

（5）提供适合的学习资源推荐，如案例分析、视频讲解或相关工具。

【输出要求】

（1）请用 Markdown 格式输出学习计划，结构清晰，易于跟进。

（2）知识框架需根据重要性与难度进行优先级标识。

（3）高风险易错点需特别标注，以帮助我避免常见错误。

（4）提供学习进度跟踪方式，以确保我按计划推进。

DeepSeek 根据需求，给出了如下详细的学习计划（Markdown 格式）。

示例 4.6　学习计划（Markdown 格式）

财务核心能力培养路径
一、基础认知构建（1～15天）
1.1 会计要素精解
- 资产类目识别（！注意金融资产分类新规）
  - 货币资金审计要点
  - 应收账款坏账计提差异（中美对比表）
1.2 财务方程式实战
- 杜邦分析法 → 链接到[财务模型.xlsx]Sheet3
- 现金流量表编制 → 关联《准则》第38号

二、专业技能进阶（16～45天）
2.1 报表分析工具箱
- 比率分析四维度（附Excel公式自动计算模板）
2.2 税务筹划禁区
- 增值税临界点测算（图表自动生成指令）
- ！跨境电商税收新政解读（2025年1月更新）

三、场景化应用（46～60天）
3.1 制造业成本沙盘
- 作业成本法 → 对应《成本管理手册》第7章
- 标准成本差异分析 → 跳转在线模拟器

将以上 Markdown 文件复制到"财务学习计划.md"文件中，并导入 XMind 中，生成图 4.5 所示的财务学习计划图。

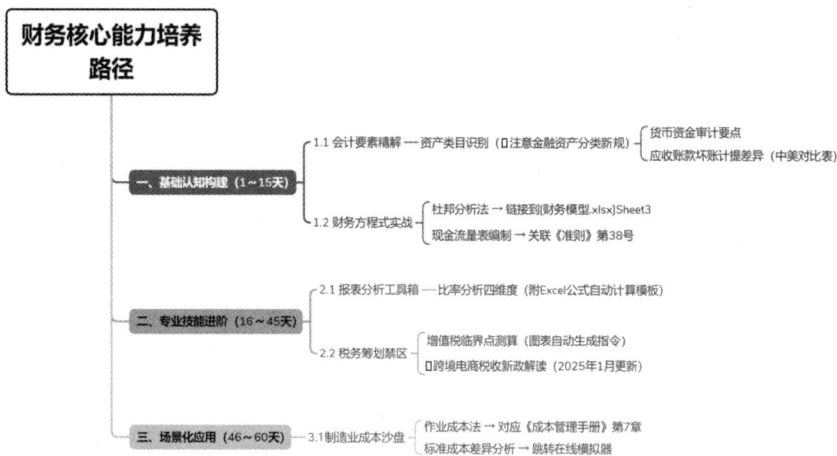

图 4.5 财务学习计划图

通过上面的例子可知，DeepSeek 可以迅速总结出多篇文档的精髓，并根据需求生成相应的文档或思维导图。这个过程不仅能快速提炼关键信息，还能将复杂的文本内容转换为清晰的可视化结构，以使知识更加直观、易于理解。通过将文档内容整合成思维导图，可以更好地把握整体框架、识别关键联系，提升决策效率。将文本转换为可视化结构不仅能节省大量时间、减少人工整理的烦琐工作，还能帮助用户在短时间内高效掌握并应用新知识。

4.2 可视化图表自动生成

在数据分析和流程管理中，可视化图表是信息传递的核心载体。DeepSeek 通过自然语言解析与 Mermaid 语法深度结合，实现了从文本描述到专业级流程图的智能生成。这种功能打破了传统制图工具的操作壁垒，使得非技术人员也能快速创建符合工业标准的可视化图表，尤其在复杂流程建模和跨部门协作场景中展现出独特的价值。

▶▶▶ 4.2.1 流程图自动生成：从需求描述到流程图

DeepSeek 能够根据用户提供的流程或架构描述，自动生成符合 Mermaid 语法的流程图代码。用户只需输入相关的需求描述，DeepSeek 即可快速生成清晰、结构化的流程图代码，以帮助用户更好地理解和展示流程。

案例 4.3 电商系统订单处理流程

小王需要设计一个电商系统的订单处理流程，他在这块没有什么经验。但是他可以直接告诉 DeepSeek 自己的初步想法，然后让 DeepSeek 帮他设计，提示词如下。

示例 4.7 设计电商系统订单处理流程的提示词

【你的角色和能力】
（1）电商系统架构师。

（2）拥有丰富的电商系统设计经验，精通订单履约全链路流程，擅长识别关键业务节点并设计合理的异常处理机制，能够高效整合不同环节，提高系统的稳定性和可扩展性。

【我的需求】

我是电商领域的新手，现在需要设计一个电商系统的订单处理流程，尽管有了一些初步的想法，但我在这个领域经验不足。我的初步设想如下。

订单创建：用户提交订单后，系统自动验证库存是否充足；若库存不足，系统会触发自动采购流程。

支付流程：支持支付宝和微信支付，若订单在 30 分钟内未支付，系统会自动取消该订单，并通知用户支付超时。

异常处理：

- 若库存不足，触发采购流程。
- 若支付失败，系统会自动发送短信提醒用户并提供重新支付的链接。

物流跟踪：一旦订单发货，系统会自动同步物流信息。若出现签收异常，启动包裹追踪机制并通知客户。

根据我的初步设想，结合 DeepSeek 丰富的经验，请建议哪些部分可以进一步优化，并在设计上增加哪些关键流程节点和异常处理环节。我希望 DeepSeek 能提供一个完整的流程设计，并且建议可能的优化点。

【输出要求】

根据上述需求，生成一个 Mermaid 流程图代码，具体要求如下。

- 使用标准 Mermaid 语法，支持 Typora 直接渲染。
- 至少包含三层嵌套流程，体现详细的订单处理步骤。
- 关键节点使用不同颜色和样式进行标识（如库存不足使用红色菱形）。

加入任何 DeepSeek 认为重要的优化建议，增强流程的可操作性和系统的稳健性。

DeepSeek 根据需求，在经过深度思考后，给出的订单流程 Mermaid 代码如下。

示例 4.8　订单流程 Mermaid 代码

```
graph TD
  subgraph 订单创建
    A[用户提交订单] --> B{库存检查}
    B -->|充足| C[生成预占库存]
    B -->|不足| D[触发采购流程]:::alert
    C --> E[创建待支付订单]
  end

  subgraph 支付流程
    E --> F{支付方式选择}
    F -->|支付宝| G[调用支付宝接口]
    F -->|微信支付| H[调用微信接口]
    G & H --> I{支付结果}
    I -->|成功| J[更新订单状态为已支付]
    I -->|失败| K[发送支付失败通知]:::alert
    K --> L[生成待支付提醒任务]
```

```
        L --> M[短信/邮件/站内信提醒]
        M --> N[重新支付链接]
        N -->|单击| F
        E --> O[启动 30min 倒计时]
        O -->|超时未支付| P[自动取消订单]:::alert
        P --> Q[释放预占库存]
        Q --> R[发送取消通知]
    end

    subgraph 履约处理
        J --> S[订单分拣]
        S --> T{是否需要拆单}
        T -->|是| U[生成子订单]
        T -->|否| V[生成出库单]
        U --> V
        V --> W[调用 WMS 接口]
        W --> X{出库结果}
        X -->|成功| Y[生成物流单]
        X -->|失败| Z[触发异常处理]:::alert
        Z --> AA[库存回补检查]
        AA --> AB[通知人工介入]
    end

    subgraph 物流跟踪
        Y --> AC[同步物流信息]
        AC --> AD{物流状态监控}
        AD -->|运输异常| AE[触发包裹追踪]
        AD -->|签收异常| AF[发起客户确认]
        AD -->|正常签收| AG[完成订单]
        AE & AF --> AH[更新异常日志]
        AH --> AI[客服主动联系]
    end

    classDef alert fill:#ffcccc,stroke:#ff0000,stroke-width:2px;

    %% 优化建议注释
    class J,K,P,Q,Z,AA,AB,AE,AF,AH,AI alert;
```

同时，DeepSeek 还给出了如下优化建议和新增关键节点说明。

示例 4.9　优化建议和新增关键节点说明

1. **库存预占机制优化**
- 增加预占库存有效期（建议 2 小时）。
- 新增库存自动回补检查（当采购流程超过预定时间时触发）。
- 增加拆单处理逻辑（应对部分商品缺货情况）。
2. **支付流程增强**
- 增加支付渠道健康检查（自动切换备用渠道）。
- 增加支付结果异步校验（防止回调丢失）。
- 支付倒计时增加弹性时间（延长至 35 分钟+5 分钟缓冲）。

3. 异常处理扩展
- 增加履约超时监控（从支付到发货时间阈值）。
- 物流异常分级处理（运输延迟/丢件/损坏不同流程）。
- 增加人工介入触发机制（连续 3 次自动处理失败时）。

4. 新增关键节点
- 订单分拣环节（支持组合商品处理）。
- WMS 接口熔断机制（保障核心流程可用性）。
- 客户主动确认环节（异常签收时二次验证）。
- 异常日志分析系统（支持机器学习预测）。

5. 系统稳健性设计
- 所有外部调用增加重试机制（3 次指数退避）。
- 关键操作增加操作日志审计。
- 增加每日对账任务（订单/支付/库存状态一致性校验）。
- 实施灰度发布机制（订单路由策略）。

6. 颜色标志说明
- 红色菱形：异常处理节点。
- 蓝色矩形：核心业务流程。
- 绿色圆角矩形：系统自动处理。
- 橙色平行四边形：外部系统交互。

当前有一些非常实用的生成 Mermaid 图表的在线工具，它们各有特色，适用于满足不同的需求和场景。

（1）Mermaid Live Editor 是一款非常受欢迎的工具，支持实时编辑和预览。它支持多种图表类型，包括流程图、时序图和甘特图，并且可以将图表导出为 SVG 格式，适用于嵌入 Markdown 文件中。这款工具操作简单，实时反馈快，适合编写技术文档、项目汇报或在团队协作时被使用。它也支持分享链接，非常方便。

（2）MIN2K 中文 Mermaid 编辑器提供了中文界面，支持多种图表类型，如流程图、序列图和状态图，且具备实时预览功能。它界面友好，操作直观，适合快速上手，特别是在编写技术文档或进行项目规划时特别有用。用户也可以将图表导出为图片或 SVG 格式。

（3）OXYGEN 是一款特别的工具，它支持手绘风格的流程图，提供多种模型（如 Graphviz、SequenceUML、FlowChart、Mermaid）并有随机生成示例的功能。这款工具适用于需要高品质图表的场景，比如报告或演示文稿，因为它的手绘风格非常独特，操作也很简单，让图表看起来更有个性。

（4）Typora 作为一款 Markdown 编辑器，支持 Mermaid 图表渲染，适合那些需要将图表嵌入 Markdown 文件的用户使用。它的优点是能够无缝集成 Markdown，并提供实时预览。不过，它需要安装插件，算不上完全的在线工具。

（5）ioDraw 是一款在线绘图工具，支持 Mermaid 语法，并非常适合设计复杂的定制化图表。它功能强大，支持多种图表类型，特别适合那些需要精细调整的用户。

（6）Visual Studio Code（VS Code）结合 Mermaid 插件是开发者的常用的一种选择。它可以为 Mermaid 语法提供高亮显示和实时预览，完美适配技术文档编写和系统架构设计。它虽然不是完全在线工具，但与开发环境的无缝集成，使其成为开发者的得力助手。

说明

如果用户需要快速上手，可以选择 Mermaid Live Editor 或 MIN2K 中文 Mermaid 编辑器。这两款工具简单易用，适合一般的文档和项目汇报。如果用户的需求较高，想要个性化或复杂的图表，可以尝试 OXYGEN 或 ioDraw。对于开发者来说，Typora 或 VS Code 配合 Mermaid 插件会是一个非常合适的选择。

我们选取 MIN2K 中文 Mermaid 编辑器来绘制流程图。将上面的 Mermaid 代码复制到界面中，就可以得到完整的订单流程图，如图 4.6 所示。

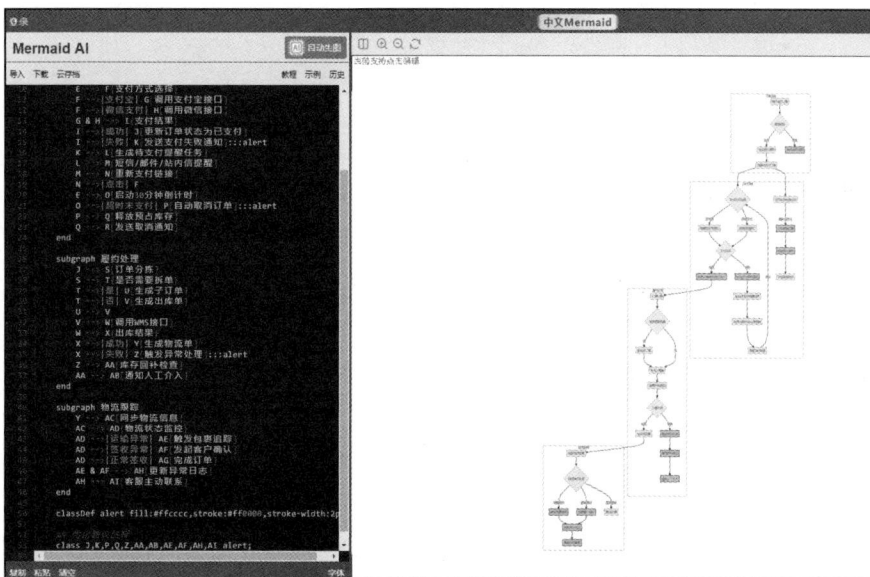

图 4.6　完整的订单流程图

在右边的窗口中，可以自由地放大和缩小具体的细节。订单创建流程图如图 4.7 所示。

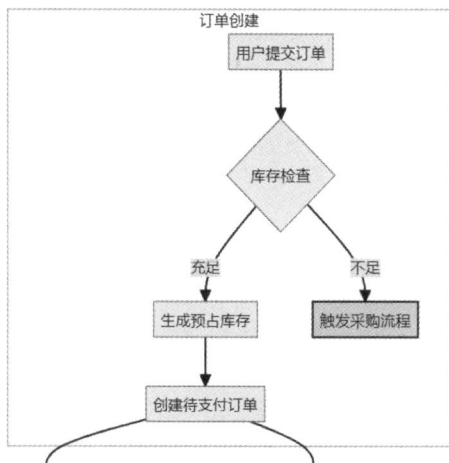

图 4.7　订单创建流程图

支付流程图如图 4.8 所示。履约处理流程如图 4.9 所示。

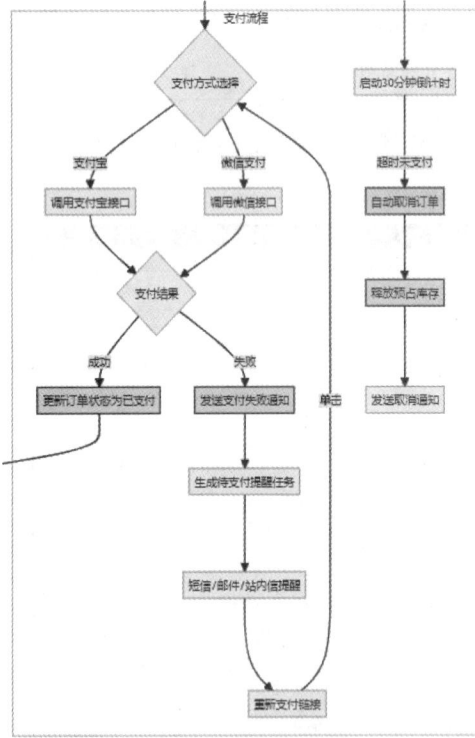

图 4.8　支付流程图

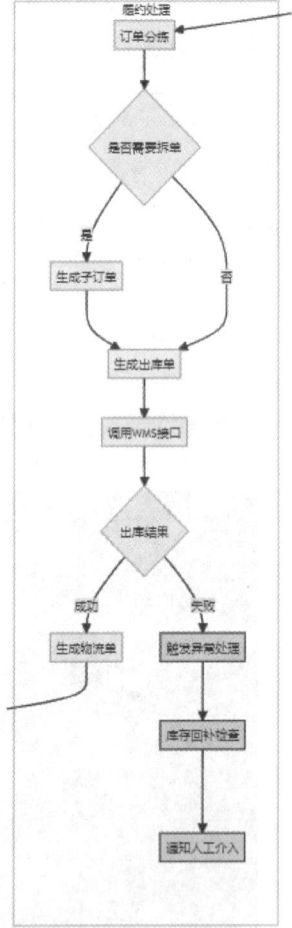

图 4.9　履约处理流程图

物流跟踪流程图如图 4.10 所示。

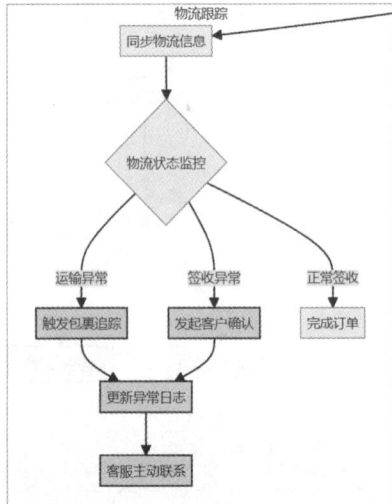

图 4.10　物流跟踪流程图

通过上面的例子，我们可以看出，DeepSeek 通过自然语言处理技术能够快速分析需求描述，提取出关键要素和流程逻辑，Mermaid 则能够将这些信息转换为结构化的流程图。这种结合不仅节省了人工绘制流程图的时间，还能够确保流程图与需求的一致性。此外，自动化生成的流程图具有高度的可修改性和可视化性，便于团队成员更清晰地理解，满足沟通需求，从而提升协作效率和项目执行的精确度。

▶▶▶ 4.2.2　甘特图生成：从规划到项目进展

DeepSeek 能够将项目管理需求转换为标准的 Mermaid 甘特图代码，以辅助用户快速构建可视化的项目计划。通过智能识别任务依赖关系、关键路径和里程碑节点，DeepSeek 生成的甘特图不仅能支持动态调整，还能自动检测时间冲突和资源分配问题。

案例 4.4　电商促销活动筹备计划

某团队计划开展跨境电商××促销活动，项目经理小王需要制定包含 22 个任务的项目计划。他用自然语言向 DeepSeek 描述项目需求，提示词如下。

示例 4.10　项目规划提示词

【你的角色和能力】

（1）资深电商项目经理。

（2）拥有 5 年以上大型促销活动统筹经验，擅长复杂项目 WBS 分解，精通关键路径法与资源平衡策略，熟悉跨境电商物流时效和营销活动合规要求。

【我的需求】

我们计划开展为期 45 天的跨境电商××促销活动，以下是初步规划。

时间范围：2024-11-01—2024-12-15。

核心阶段：

（1）筹备期（11.1—11.10）。选品策略制定、营销素材设计、系统压力测试。

（2）预热期（11.11—11.20）。社交媒体投放、EDM 营销、KOL 合作签约。

（3）执行期（11.21—11.30）。价格策略实施、实时库存监控、客服团队扩容。

（4）收尾期（12.1—12.15）。物流异常处理、售后数据分析、活动复盘。

【特殊要求】

1. 必须前置的任务
- 海关合规审查（需在 11.15 前完成）。
- 支付系统升级（需与"双十一"活动错峰）。

2. 关键里程碑
- 11.10 全链路压力测试完成。
- 11.20 所有渠道广告上线。
- 11.25 核心商品安全库存达标。

3. 风险管控需求
- 设计 3 天缓冲期应对物流延迟。

- 重要任务设置并行预案。

【输出要求】

生成 Mermaid 甘特图代码，要求如下。

- 包含至少 4 个阶段、22 个具体任务。
- 显示任务依赖关系（FS/SS/FF）。
- 关键路径用橙色虚线标注。
- 风险节点添加特殊标记（如！）。
- 支持在 Mermaid Live Editor 直接渲染。

DeepSeek 经过对需求进行分析，生成的 Mermaid 代码如下。

示例 4.11　项目管理 Mermaid 代码

```
gantt
    title 跨境电商××促销活动规划
    dateFormat YYYY-MM-DD
    axisFormat %m-%d

    section 筹备期
    选品策略制定                    :a1, 2024-11-01, 10d
    营销素材设计                    :a2, 2024-11-01, 8d
    系统压力测试                    :a3, 2024-11-03, 8d
    海关合规审查                    :a4, 2024-11-05, 10d
    支付系统升级                    :a5, 2024-11-06, 8d

    section 预热期
    社交媒体投放                    :b1, 2024-11-11, 10d
    EDM 营销                        :b2, 2024-11-11, 10d
    KOL 合作签约                    :b3, 2024-11-13, 7d

    section 执行期
    价格策略实施                    :c1, 2024-11-21, 5d
    实时库存监控                    :c2, 2024-11-21, 10d
    客服团队扩容                    :c3, 2024-11-21, 5d
    核心商品安全库存达标            :c4, 2024-11-25, 6d

    section 收尾期
    物流异常处理                    :d1, 2024-12-01, 5d
    售后数据分析                    :d2, 2024-12-01, 8d
    活动复盘                        :d3, 2024-12-05, 10d

    %% 任务依赖关系 (FS: Finish-to-Start, SS: Start-to-Start)
    a2 --> a1
    a3 --> a2
    b1 --> a3
    b2 --> b1
    b3 --> b2
    c1 --> b3
    c2 --> c1
    c3 --> c2
    c4 --> c3
```

```
d1 --> c4
d2 --> d1
d3 --> d2

%% 关键路径标注
class a1,a2,a3,b1,b2,c1,c2,c4,d1 risk
class a4,a5,b3,d1 risk

%% 风险节点标注
class a4,a5,b3,d1 risk
classDef risk fill:#ff0000,stroke:#ffffff,stroke-width:2px;
```

同时，DeepSeek 给出如下优化建议与扩展功能。

示例 4.12 优化建议与扩展功能

1. 关键路径优化
- 将"系统需求文档编写"设为并行任务（与市场调研同步启动）。
- 增加"云资源弹性扩容"任务（防止流量突增）。

2. 风险管理增强
- 添加"广告合规二次审核"（避免法律风险）。
- 设置"舆情监控"子任务（实时监测社交媒体）。

3. 新增智能功能
- 自动生成资源直方图（开发人员/客服人力分布）。
- 增加进度预警规则（任务延误≥2 天自动提醒）。

4. 动态调整机制
- 设计 B 任务组（当 A 任务延迟时自动启用）。
- 建立时间弹性系数（非关键任务±20%浮动）。

5. 协同功能扩展
- 添加负责人标注（@运营/@技术/@物流）。
- 生成 iCalendar 文件（自动同步到成员日历）。

将代码（见示例 4.11）粘贴至 Mermaid Live Editor 中，可得到完整甘特图（见图 4.11）。

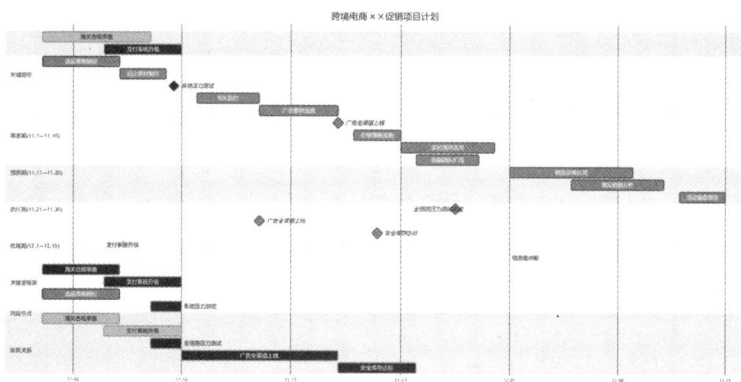

图 4.11 完整甘特图

DeepSeek 能够快速分析需求描述，自动提取出任务的关键节点、时间安排和依赖关系。这些信息可以被直接转换为甘特图，通过 Mermaid 实现可视化展示。这种自动生成甘特图的方式，不仅提高了项目进度安排的准确性，还大大减少了手动制作甘特图的时间成本。这类甘特图清晰地展示了各项任务的起止时间、依赖关系和整体进度，以便团队成员快速掌握项目进展，确保项目按时、保质推进。

说明　通过这种方式，不仅可以自动生成流程图和甘特图，还可以支持 Mermaid 的其他图形，如时序图、实体-联系图等。由于篇幅限制，这里不再详细展开，感兴趣的读者可以进一步深入研究 Mermaid 的丰富图形功能。

4.3　小结

本章介绍了 DeepSeek 在创意设计与可视化思维工具中的应用。首先，我们探讨了思维导图智能生成系统的功能，并利用多种模板和自动化设计帮助用户高效构建清晰的思维框架，提升思维整理与信息结构化的效率。

在可视化图表生成方面，DeepSeek 展示了将文本或数据转换为直观图表的功能，自动生成流程图、甘特图等，极大提升了工作流程与项目管理的效率，减少了手动绘制图表的时间与精力。

DeepSeek 在创意设计中的应用，不仅提高了设计效率，还增强了创意表达的灵活性和视觉呈现的专业性。随着技术的发展，DeepSeek 在各个创意设计环节中的作用将愈加重要。接下来，我们将继续探讨 DeepSeek 在其他领域的应用。

第5章

DeepSeek 在海报和视频中的应用
——智能视觉创作的工业革命

一、从创意到成品的工业革命：智能视觉生产线的崛起

在视觉主导的数字化浪潮中，传统设计工具的操作门槛与创作效率矛盾日益凸显。DeepSeek 通过自然语言理解与生成技术，正在重构从文案策划到视觉呈现的完整创作链路。无论是电商企业的节日营销海报、自媒体博主的短视频创作还是教育培训机构的知识可视化视频，DeepSeek 都能实现从文字构思到视觉成品的全流程智能化跃迁。本章将聚焦两大核心场景，揭示如何通过 AI 技术将创意火花转换为专业级视觉作品，从而让视觉创作真正实现工业化生产与个性化定制的完美平衡。

二、本章学习路径：双重引擎驱动视觉革命

通过两大技术模块的深度融合，读者能够掌握 AI 赋能的视觉创作方法论。

（1）智能海报工坊（5.1 节）。突破传统设计软件操作"瓶颈"，实现从营销文案到多场景视觉方案的智能转换。

（2）视频生成解决方案（5.2 节）。基于结构化内容生成技术，打造从概念构思到爆款视频的完整生产链。

通过本章学习，读者可以获得将文字创意快速转换为专业视觉作品的核心能力。从品牌设计到社交媒体运营，从知识科普视频到产品宣传短片，DeepSeek 的智能创作体系将帮助读者突破传统设计工具的时间与技能限制，让视觉创作真正成为商业价值的放大器。在本章中，我们将从解构智能海报生成的技术原理开始，探索 AI 如何重新定义视觉创作的工业化标准。

5.1 智能海报工坊

在数字化创意领域，海报设计是品牌宣传、活动推广和视觉传达的核心载体。传统设计流

程中，设计师需耗费大量时间构思配色方案、版式布局和视觉元素。DeepSeek 通过其多模态生成功能，将自然语言指令转换为专业级设计提示词，从而实现创意构思与视觉呈现的无缝衔接，为海报设计带来效率与灵感的双重突破。

DeepSeek 的智能海报设计系统能够基于用户对主题、风格和场景的描述，自动生成符合行业标准的 AI 绘图提示词。用户只需输入季节、节日或品牌关键词等，系统即可输出包含构图指导、色彩参数、元素搭配的完整指令，帮助用户快速在 Midjourney、Stable Diffusion、即梦和可灵 AI 等工具中生成高质量视觉作品。

5.1.1　主流的 AI 绘图工具

随着人工智能技术的快速发展，AI 绘图工具已从早期的实验性应用演变为创意设计领域的重要辅助工具。这些工具基于深度学习、生成对抗网络（GAN）等技术，能够根据文本描述或初始图像生成高质量、风格多样的作品，显著降低了艺术创作的门槛，同时提升了效率。当前主流的 AI 绘图工具在功能定位、技术架构和适用场景上各有特色，既有面向专业设计师的高精度工具，也有适合普通用户的轻量化平台。

以下是一些常见的 AI 绘图工具。

1. 国内主流 AI 绘图工具

（1）即梦 AI 绘图工具

即梦 AI（见图 5.1）核心功能与优势如下。

图 5.1　即梦 AI

① 中文场景高效生成。专为中文用户优化，支持快速生成带有中文字体的创意海报、电商配图等，10 秒内即可完成高质量输出，解决了 AI 处理中文排版的技术难点。

② 全链路创作生态。集成图像生成、智能画布、视频剪辑等功能，覆盖从内容构思到成片输出的完整流程，尤其适合短视频创作者和广告营销团队。

③ 免费与低门槛。提供每日免费积分（60～100 点），用户无须付费即可体验核心功能；界面设计简洁，新手可通过中文提示词快速上手。

④ AI 动态化扩展。新增"AI 对口型"功能，可将静态图像转换为动态短视频，提升社交媒体内容的表现力。

（2）可灵 AI 绘图工具

可灵 AI（见图 5.2）核心功能与优势如下。

① 精细化控制与行业适配。基于"风格解耦"技术，用户可独立调整人物姿态、服饰细节及背景元素。其在游戏原画、电商海报设计领域应用广泛。

图 5.2　可灵 AI

② 多模态生成功能。支持文本、图像、音频跨模态输入，例如通过语音描述生成设计图或结合草图与文字生成 3D 模型。

③ 企业级私有化部署。提供 API 接口和私有化部署方案，支持金融、教育等行业定制知识库，并确保数据安全与合规性。

（3）海螺 AI 绘图工具

海螺 AI（见图 5.3）核心功能与优势如下。

① 硬件加速与实时渲染。搭载自研推理引擎，出图速度提升 3 倍，支持 4K 分辨率实时渲染，可满足影视特效和工业设计的高精度需求。

② 开源框架集成。内置 ComfyUI 开源框架和 LoRa 模型微调功能，用户可自定义工作流，无须本地部署即可在线使用最新 AI 算法。

③ 娱乐与教育结合。推出亲子共创模式，家长与儿童可通过简单指令生成并输出个性化艺术作品，并拓展 AI 在教育场景的应用。

图 5.3　海螺 AI

（4）文心一格绘图工具

文心一格（见图 5.4）核心功能与优势如下。

图 5.4　文心一格

① 本土化艺术风格。支持敦煌壁画、水墨画等中国传统艺术风格数字化生成，与故宫文创合作开发文化 IP 衍生品。

② 多场景模板库。提供电商、插画、设计等预设模板，支持一键生成符合商业需求的高质量图像。

（5）豆包 AI 绘图工具

豆包 AI（见图 5.5）核心功能与优势如下。

① 中文场景精准生成。豆包 AI 的文生图功能针对中文用户优化，支持通过自然语言描述一键生成含指定中文文字的图片，解决了传统 AI 生成中文时常见的乱码、错字等问题。

② 多场景创作适配。用户可快速生成表情包、哏图漫画、节日海报等，满足社交媒体传播、个人创意表达及轻量级商业设计需求。生成图片支持多种风格（如卡通、电影风格），且文字与画面风格深度融合，无须后期编辑。

③ 技术架构创新。采用多模态 AI 技术，结合生成对抗网络和变分自编码器（VAE），实现文本语义到图像的精准映射，兼顾生成效率与多样性。

你好，我是 豆包

图 5.5　豆包

2. 国外主流 AI 作图工具

（1）Stable Diffusion 绘图工具

Stable Diffusion（见图 5.6）核心功能与优势如下。

① 开源与高度定制。支持本地部署和参数深度调整（如采样步数、噪声强度），开发者可通过插件扩展功能。

② 社区生态丰富。开源社区提供数千种风格模型（如动漫、蒸汽朋克），适合专业设计师做精细化创作。

（2）Midjourney 绘图工具

Midjourney（见图 5.7）核心功能与优势如下。

图 5.6　Stable Diffusion

图 5.7　Midjourney

① 艺术表现力卓越。以超现实风格见长，擅长生成梦幻场景和抽象艺术，输出作品可直接用于数字艺术展览或 NFT 创作。

② 交互便捷性。通过 Discord 指令操作，输入"/imagine"即可生成多版本图像，支持迭代优化。

（3）DALL·E 3 绘图工具

DALL·E 3（见图 5.8）核心功能与优势如下。

① 复杂场景解析。对多物体、复杂场景描述的理解能力突出，生成图像具有与描述高度一致性和逼真细节。

② 商业化集成。与 Adobe 合作开发 Photoshop 插件，从而提高设计师的素材生成效率。

图 5.8 DALL·E 3

（4）Adobe Firefly 绘图工具

Adobe Firefly（见图 5.9）核心功能与优势如下。

图 5.9 Adobe Firefly

① 版权安全素材库。基于 Adobe Stock 版权合规图像训练模型，生成内容可直接商用。

② 多工具深度集成。无缝衔接 Photoshop、Illustrator 等设计软件，支持图层编辑与风格迁移。

▶▶▶ 5.1.2 营销海报自动生成：从文案到视觉设计

DeepSeek 支持从主题表达、视觉隐喻、文化符号等多个维度生成精细化提示词，满足商业海报、艺术创作等不同需求。

（1）主题动态化表达。将抽象概念转换为具体视觉元素，例如用"融化的冰晶+萌发绿芽"表现冬春交替。

（2）跨文化符号融合。结合节气物候、地域特征生成创意组合，例如用"敦煌飞天绸带缠绕樱花树"表现东方美学春天。

（3）参数级色彩控制。指定潘通色号、渐变角度与材质质感，例如秋叶橙、线性渐变、哑光质感等。

案例 5.1 四季主题系列海报设计

某设计工作室需为杭州文旅项目制作四季宣传海报，原始需求仅包含基础关键词"春之生机、夏之绚烂、秋之丰硕、冬之静谧"。该工作室的设计师先通过 DeepSeek 生成对应的文案，提示词如下。

示例 5.1 生成海报设计文案提示词

【角色定位与专业能力】

你是一名资深视觉设计师兼品牌营销专家，精通色彩心理学与视觉叙事，对文旅宣传品设计规范有深刻理解。你需要结合杭州地域文化与季节特征，为文旅项目创作四季宣传海报。

【项目背景与需求说明】

项目名称： 杭州文旅项目四季宣传海报。

主题关键词：

（1）春——生机盎然。

（2）夏——绚烂热情。

（3）秋——丰硕成熟。

（4）冬——静谧清冷。

核心要求：

（1）每个季节海报突出一个核心景点（如西湖、灵隐寺、九溪等），与季节主题相呼应。

（2）色彩方案符合季节认知，同时突破传统（例如春季避免单一粉色调，可采用生机绿与温暖橙调混搭）。

（3）构图设计需引导视觉动线，并确保主要视觉元素（核心景点与主题符号）占据画布60%以上，以增强视觉冲击。

【输出要求】

对应上面四个主题，请生成四个可直接用于即梦AI的提示词，包含以下三个部分。

1. 基础参数

（1）**分辨率：** 建议使用3840像素×2160像素或4K格式。

（2）**风格关键词：** 现代、极简、层次分明、文旅风格、视觉冲击力。

（3）**光影与质感：** 自然光效果、柔和阴影、细腻纹理，增强画面真实感与层次感。

2. 分层描述

（1）**背景层：** 呈现杭州地域风貌，如自然景致、城市轮廓和文化符号，配合季节氛围。

（2）**中景层：** 重点刻画当季核心景点（如西湖春景、夏日灵隐寺等），融入文旅符号和文化细节。

（3）**前景层：** 突出主要主题元素，通过加大尺寸（占画布60%以上）和强化视觉动线，确保焦点突出。

3. 特殊指令

（1）色彩指令具体如下。

① 春季：采用生机绿与温暖橙调，避免单一粉色。

② 夏季：以绚丽蓝和热情红为主，加入清新绿意。

③ 秋季：以丰硕金和温润棕为主，彰显成熟韵味。

④ 冬季：以静谧蓝和冷冽灰为基调，营造清冷质感。

（2）**构图指令。** 运用对角线或中心透视法设计视觉动线，确保主视觉元素占比达60%以上；同时注重层次分明，使背景、中景、前景和谐统一。

（3）**细节强化。** 适量添加杭州传统建筑、园林元素及地域文化符号，丰富整体画面故事感。

DeepSeek 在搜索网络和深度思索之后，生成了可直接输入即梦 AI 绘图工具的四季提示词如下。

示例 5.2　四季提示词

1. 春-西湖生机

3840 像素×2160 像素，现代极简文旅风格，（西湖苏堤:1.5），嫩柳垂绦动态效果，曲院风荷特写占 65%，对角线构图，雾霭宝石山背景，水墨渐变湖面，（柳芽绿#8BA87D:1.3）与（龙井橙#F4B15D:1.2）渐变，自然光穿透树叶，丝绸质感纹理，六和塔窗棂纹样水波，视觉动线引导，高清细节 8K。

2. 夏-灵隐禅韵

3840 像素×2160 像素，几何解构风格，（灵隐寺石塔群:1.6），大雄宝殿飞檐特写，香炉青烟粒子，（袈裟红#C23B22:1.4）撞色（禅意靛#2E5266:1.3），中心放射构图，北高峰数字化云海，飞天藻井云纹，石质肌理叠加，强烈光影对比，动态模糊经幡，8K 渲染。

3. 秋-九溪烟树

3840 像素×2160 像素，新国风插画，（千年银杏树:1.7）占 68%，红枫夹道溪涧，S 形视觉动线，（桂花金#FFB300:1.5）叠（龙井褐#6F4E37:1.2），茶田肌理背景，南宋官窑青瓷天空，丝绸之路曲线隐喻，丁达尔光效，宣纸底纹，落叶飘动轨迹，超清细节。

4. 冬-断桥残雪

3840 像素×2160 像素，低多边形风格，（梅花窗冰花纹:1.8）占 75%，几何断桥造型，雾蓝#4A5B83 到冷银#E0E4E6 渐变，垂直对称构图，数字化落雪粒子，残荷冰挂建模，南宋官窑冰裂纹雪地，磨砂质感，灯笼光晕引导，冰晶折射效果，8K 精度。

这一小节中，我们选取即梦 AI 作为绘画软件，具体操作步骤如下。

打开即梦 AI 官网，单击"AI 作图"中的"图片生成"按钮，如图 5.10 所示。

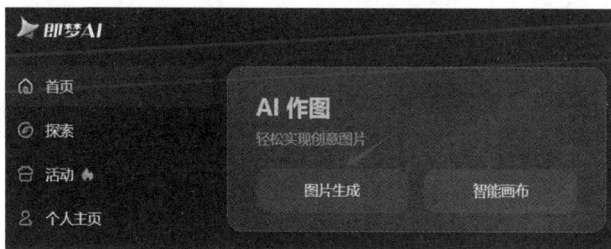

图 5.10　即梦 AI 图片生成

将上面 DeepSeek 生成的提示词逐一添加到"图片生成"选项卡，选择"图片 2.1"模型，将精细度拉到最高，选取需要的图片比例和图片尺寸，单击"立即生成"按钮，如图 5.11 所示。

说明　每次生成图片都会消耗积分。即梦 AI 每天都有 66 个免费积分，读者在使用完免费积分后，可以根据需求自行充值。

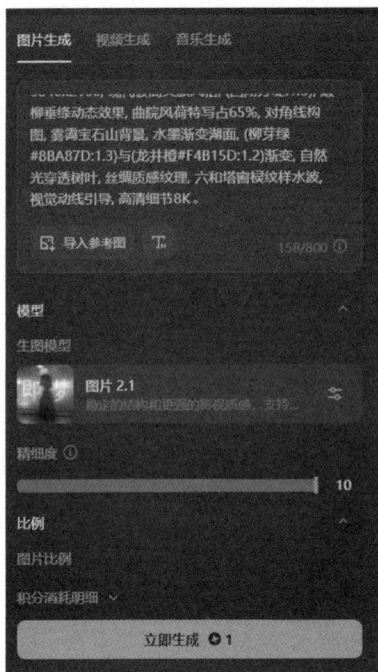

图 5.11 选择合适的即梦 AI 配置

生成的四季图如图 5.12～图 5.15 所示。

图 5.12 春-西湖生机

图 5.13 夏-灵隐禅韵

3840像素x2160像素, 新国风插画, (千年银杏树:1.7)占68%, 红枫夹道溪涧, S型视觉动线, (桂花金#FFB300:1.5)叠(龙井褐#6F4E37:1.2), 茶田肌理背景, 南宋官窑青瓷天空, 丝绸之路曲线隐喻, 丁达尔光效, 宣纸底纹, 落叶飘动轨迹, 超清细节 图片 2.1   1:1

图 5.14   秋-九溪烟树

3840像素x2160像素, 低多边形风格, (梅花窗冰花纹:1.8)占75%, 几何断桥造型, 霁蓝#4A5B83到冷银#E0E4E6渐变, 垂直对称构图, 数字化落雪粒子, 残荷冰挂建模, 南宋官窑冰裂纹雪地, 磨砂质感, 灯笼光晕引导, 冰晶折射效果, 8K精度 图片 2.1   1:1

图 5.15   冬-断桥残雪

如果生成的图片不符合要求，可以多次生成，直到满意为止。选中喜欢的图片，单击图片右上角的"…"菜单中按钮，在弹出的菜单选择"去画布进行编辑"选项，即可进入画布界面，如图 5.16 所示。

图 5.16   单击"…"按钮

进入画布后，可以根据自己的需求进一步修改图片。即梦 AI 具有很多功能，如图 5.17 所示，常用的有以下几个。

（1）局部重绘。

（2）扩图。

（3）消除笔。

（4）细节修复。

（5）HD 超清。

图 5.17　多功能画布

（6）添加文字 T 。

（7）经过扩图和 HD 超清处理后，生成一幅新的图片，如图 5.18 所示。

图 5.18　扩图和 HD 超清处理

以上案例生动地展示了 DeepSeek 如何将分散零碎的设计需求整合并转换为精准、专业的设计指令，进而通过即梦 AI 高效生成质量上乘的海报。这种流程不仅省去了传统设计中反复修改和沟通的烦琐步骤，还能在短时间内产出视觉效果极佳的成品。

相较于传统手工设计流程，DeepSeek 所采用的提示词工程更显智能与高效。它突破了常规的设计模式，通过精确的需求提炼与自动化生成，不仅提升了创作速度，也大大降低了设计门槛，让更多人能够轻松拥有专业级别的海报作品。

▶▶▶ 5.1.3　社交媒体配图生成：从内容到多尺寸适配

DeepSeek 不仅能自动生成海报提示词，而且同样适用于社交媒体配图的设计。针对不同平台的尺寸和风格要求，DeepSeek 通过分析文案、品牌调性及用户心理，从内容到构图、色彩与细节，全方位生成定制化提示词，以帮助设计师在各大平台上实现高效、精准的视觉传播。

案例 5.2　面乳营销

小兰是一家化妆品公司的社交媒体运营新人，不是很熟悉主流平台视觉规范与用户偏好。现公司推出新的面霜，原始图片如图 5.19 所示。

图 5.19　面霜原始图片

她需要将产品卖点转换为高传播性视觉符号，结合品牌调性，面向小红书、抖音、微博准备三套对应的配图。小兰直接选择寻求 DeepSeek 的帮助，提示词如下。

示例 5.3　营销提示词

【角色定位与专业能力】

你是一位资深视觉设计师兼品牌营销专家，精通色彩心理学与视觉叙事，深谙文旅及美妆行业的宣传品设计规范。你能迅速把握品牌调性，并将产品卖点转换为高传播性视觉符号。

【项目背景与需求说明】

我所在的化妆品公司新推出一款面霜——"茉莉清透洁面乳"，其主色调为茉莉白（#F4F0E3）和薄荷绿（#A8D8B9）。公司要求为该产品打造三套宣传配图，分别适配以下主流社交平台的视觉规范和用户偏好。

小红书：竖版 9:16，强调场景化展示与产品细节，整体色调要求低饱和、温柔。

抖音：正方形 1:1，作为动态封面使用，要求视觉冲击力强、情绪表达鲜明、色彩对比度高。

微博：横幅 3:1，适合嵌入信息图表与对比展示，需确保信息层次分明且传达力强。

需要特别注意，我会上传面霜的原图。

核心设计要求：

（1）每套配图中，产品主体（占画面至少 40%）必须清晰展示，同时辅以直观传递产品卖点的视觉符号（如茉莉花、泡沫粒子等）；

（2）在延续品牌VI的前提下，根据各平台特性适当调整色彩饱和度和对比度；

（3）构图设计需符合平台尺寸要求，例如小红书可采用中心对称构图，抖音适用黄金螺旋构图。

【输出格式要求】

请根据上述需求，为小红书、抖音和微博各生成一组可直接输入即梦AI的提示词，每组提示词须包含以下三大部分。

1. 基础参数

分辨率：明确对应平台标准（如小红书9:16、抖音1:1、微博3:1）。

风格关键词：可选现代扁平风、微距摄影、3D渲染等。

光影与质感：指明使用柔光或硬光，以及材质表现（如透明材质、磨砂质感等）。

2. 分层描述

背景层：描述背景设计（如品牌色渐变、场景化背景，例如浴室大理石台面或抽象几何纹理）。

产品层：确定产品展示角度（如45°侧视、俯拍特写）及动态表现（例如液体流动效果）。

符号层：设置传递核心卖点的隐喻元素（如茉莉花瓣飘落、显微镜下细腻的泡沫结构）。

3. 特殊指令

尺寸适配：自动调整各元素的比例与布局（例如抖音封面需保留顶部20%文字安全区）。

动态优化：针对抖音版本输出可叠加动态特效的PNG分层文件。

信息密度：微博版需嵌入产品成分对比图表（例如天然成分 vs 化学成分比例），确保信息清晰传达。

请基于你的专业判断，对上述结构和内容进行优化整合，直接输出三组适用于小红书、抖音和微博的即梦AI提示词。

DeepSeek在开启联网搜索和深度思考后，生成的提示词如下。

示例5.4　面霜提示词

【小红书版】

1080像素×1920像素，竖版，微距摄影×低饱和柔光滤镜，柔光漫反射+磨砂玻璃透光性。背景层用茉莉白至薄荷绿渐变，模拟浴室大理石纹理叠加水雾朦胧；产品45°侧视微距特写，展示乳液水润质地与清晰标签；符号层添加悬浮茉莉花瓣（15%）及右下角泡沫粒子显微结构。封面需中心对称构图，产品占比40%以上，标签文字可读。

【抖音版】

1080像素×1080像素，硬光3D渲染，霓虹绿×茉莉白高对比渐变。背景层用几何切割动态光效，顶部保留20%文字安全区；产品俯拍特写，液态流动效果突出薄荷绿膏体；符号层加入高速飞散的茉莉花瓣与粒子光斑。需黄金螺旋构图，输出PNG分层文件以便叠加动态特效（如花瓣飘落+光效闪烁）。

【微博版】

3000像素×1000像素，横幅，扁平风×信息图表，硬光强化磨砂瓶身质感。背景层分屏设计：左半茉莉白底嵌入成分对比图表（天然茉莉萃取 vs 化学添加比例），右半薄荷绿抽象水波纹；产品层平视展示瓶身全貌，叠加泡沫粒子放大细节；符号层用线性图标标注"24H保湿""敏感肌适用"。信息密度需符合横幅阅读逻辑，核心数据加粗高亮。

即梦 AI 中具体操作步骤如下。

（1）打开即梦 AI 官网，单击"AI 作图"中的"图片生成"按钮，单击"导入参考图"按钮，如图 5.20 所示。

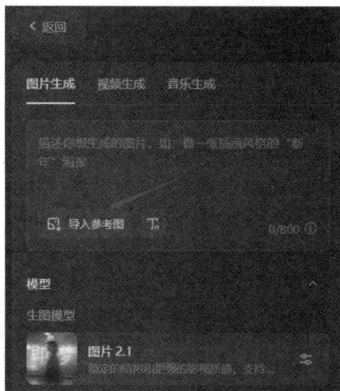

图 5.20　导入参考图

（2）在参考图的配置中，选择"主体"并单击"保存"按钮，如图 5.21 所示。

图 5.21　参考图配置

说明

读者可以根据自己的需求，自行选择参考的类型、擦除部分和参考系数等。

（3）分别将 DeepSeek 生成的提示词粘贴到"图片生成"选项卡中，选择"图片 2.1"模型，将精细度拉到最高，选取需要的图片比例和图片尺寸，单击"立即生成"按钮，就可以获得三个平台对应的宣传图。

小红书宣传图如图 5.22 所示。

图 5.22　小红书宣传图

抖音宣传图如图 5.23 所示。

图 5.23　抖音宣传图

微博宣传图如图 5.24 所示。

图 5.24　微博宣传图

说明

读者可以按照需求，进一步编辑生成的图片，这里不再阐述细节。值得一提的是，当前有很多优秀的文生图 AI 工具，本书中只是选用了即梦 AI 用来演示，读者可以根据自己的喜好选取其他工具，只需要把提示词中的工具部分稍作修改就行。

DeepSeek 与即梦 AI 的结合，让品牌营销真正实现了"又快又准"。通过智能解析品牌需求，它们能自动生成契合不同平台调性的视觉内容，省去了反复沟通的耗时环节，又让素材自带"爆款基因"。这套方案可以精准抓住用户心理——从产品卖点的可视化呈现到色彩构图的平台适配，每个细节都在为转化率加码。

5.2　视频生成解决方案

在短视频与内容营销爆发的时代，DeepSeek 通过多模态生成技术与流程优化，重构了视频创作的生产链路。其核心价值在于将自然语言指令拆解为分镜脚本、画面描述及动态化参数，并与 AI 视频工具无缝协同，实现"文本-图像-视频"的工业化创作闭环。相较于传统制作流程，DeepSeek 可将创意落地效率提高 3～5 倍，同时通过风格适配与智能优化，保障商业级视觉品质。

▶▶▶ 5.2.1　主流的 AI 视频生成工具

AI 视频生成技术已从简单的片段合成发展为全流程智能化生产工具。当前主流工具在视频质量、创作自由度与行业适配性上形成差异化竞争，既有面向大众的轻量化平台，也有支持专业影视制作的工业级系统。

1.　国内主流 AI 视频工具

（1）可灵 AI 视频工具

可灵 AI 视频工具（见图 5.25）核心功能与优势如下。

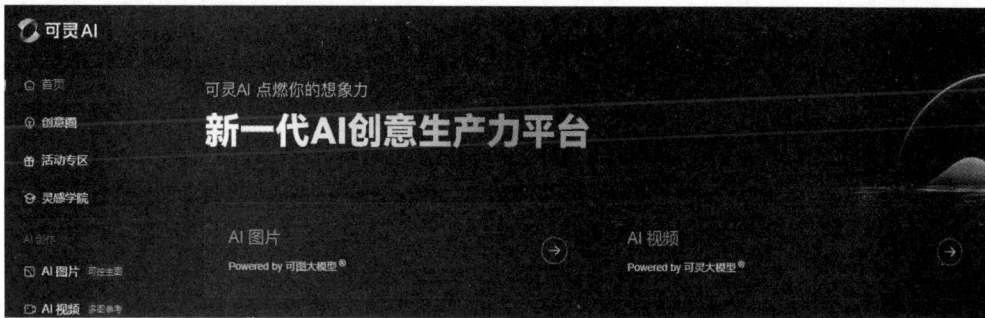

图 5.25　可灵视频工具

① 精细化动态控制。基于 DeepSeek 生成的画面描述，可独立调整镜头运动轨迹（如推拉、摇移）、画面节奏（快慢速切换）及特效叠加（粒子、光效），适配广告片、产品演示等专业场景。

② 多模态输入兼容。支持文本、静态图像、音频（旁白/背景音乐）同步输入生成视频，例如结合 DeepSeek 脚本与 Midjourney 画面生成动态分镜，输出可直接导入剪映进行后期合成。

③ 企业级批量化生产。提供 API 接口支持电商平台商品视频自动生成，单日可处理千条素材，显著降低人力成本。

（2）海螺 AI 视频工具

海螺 AI 视频工具（见图 5.26）核心功能与优势如下。

图 5.26　海螺视频工具

① 实时渲染引擎。搭载自研推理框架，支持 4K 分辨率视频实时生成，适用于影视级特效与工业产品动态展示。

② 开源工作流集成。内置 ComfyUI 开源节点编辑器，用户可自定义"文本-图像-视频"生成流程，例如将 DeepSeek 输出的分镜脚本自动拆解为图像生成、动态化、音频合成的模块化任务链。

③ 教育场景适配。教师可使用"AI 课堂助手"功能，通过简单的指令生成教学动画，并支持知识点动态标注与交互式提问。

（3）即梦 AI 视频工具

即梦 AI 视频工具（见图 5.27）核心功能与优势如下。

图 5.27　即梦 AI 视频工具

① 动态化扩展。新增"AI 对口型"功能，可将静态海报转换为动态短视频，支持人物口型与配音精准匹配，提升社交媒体传播效果。

② 全链路创作生态。集成智能画布、素材库管理与多平台发布功能，用户可在同一平台完成从脚本生成到视频分发的全流程。

2. 国外主流 AI 视频工具

（1）Sora 视频工具

Sora 视频工具（见图 5.28）核心功能与优势如下。

① 物理引擎模拟。基于扩散模型与 Transformer 架构，

图 5.28　Sora 视频工具

可模拟真实世界物理规则（如流体运动、光影反射），生成具有逻辑连贯性的长视频（最长10分钟）。

② 多镜头语言支持。自动生成全景、特写、跟随镜头等多样化运镜方案，适配纪录片、宣传片等专业制作需求。

Sora 目前并没有完全开放使用，但是备受关注。

（2）Runway 视频工具

Runway 视频工具（见图 5.29）核心功能与优势如下。

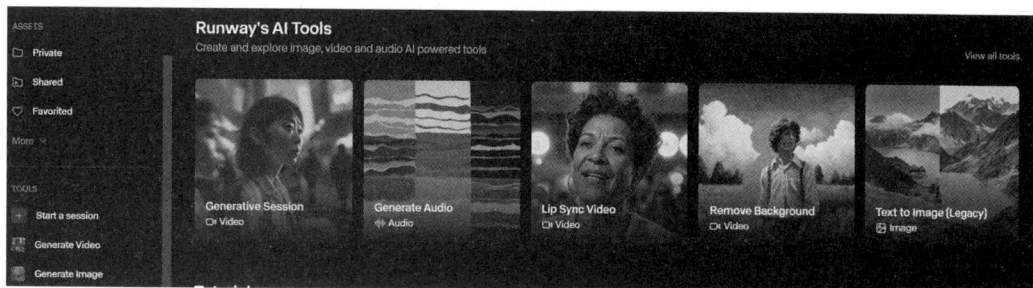

图 5.29　Runway 视频工具

① 实时协作与迭代。支持多用户同步编辑视频片段，通过"文本刷"工具局部修改画面元素（如替换服装颜色、调整场景光照），无须重新生成全片。

② 电影级特效生成。内置绿幕抠像、动态追踪、风格迁移等功能，可直接输出符合电影节展映标准的高清视频。

（3）DALL·E 3 视频工具

DALL·E 3 视频工具（见图 5.30）核心功能与优势如下。

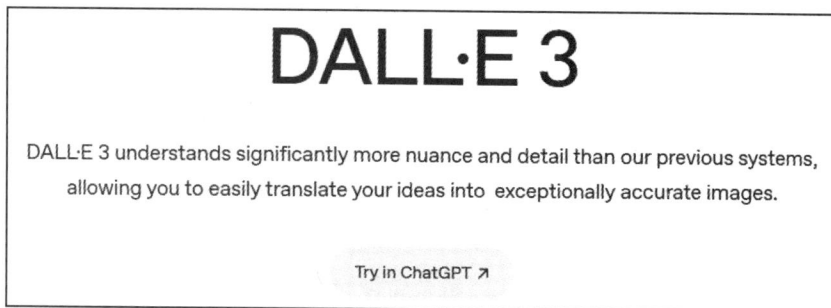

图 5.30　DALL·E 3 视频工具

① 跨模态一致性。基于 DALL·E 3 图像生成功能，扩展至视频领域，确保多帧画面中主体特征（如人物外貌、物体材质）的高度一致性。

② 商业化插件集成。与 Adobe Premiere Pro 深度整合，支持通过文本指令直接生成动态素材图层，以简化后期制作流程。

（4）Pika Labs 视频工具

Pika Labs 视频工具（见图 5.31）核心功能与优势如下。

图 5.31　Pika 视频工具

① 卡通与二次元适配。专攻动漫风格视频生成，支持日漫、美漫、像素艺术等多种风格切换，输出作品可直接用于游戏 CG 或独立动画创作。

② 社区驱动创新。开放用户训练自定义模型，创作者可上传风格数据集并共享生成模板，以形成垂直领域创作生态。

5.2.2　智能短视频生成：打造爆款内容

DeepSeek 同样可以在短视频领域大展拳脚，其智能提示词生成功能覆盖从创意构思、分镜规划到动态效果调控等多个层面，从而实现由零到爆款视频的自动生成。通过提取主题表达、叙事节奏与视觉动效等维度的关键信息，DeepSeek 能够为用户提供精准、细致的视频制作指导，大大简化了传统视频拍摄与后期剪辑的烦琐流程。

通过 DeepSeek 协助生成短视频，有以下很多优势。

（1）主题动态化表达。将热门创意灵感转换为动态镜头与画面效果。

（2）叙事节奏优化。智能划分视频结构，分别规划开场吸引、过程细节展现与高潮收尾，以确保整体节奏紧凑、情节连贯。

（3）细节动态控制。从镜头运动、转场特效到音效与字幕同步，多参数精细设定，助力创作出具有高视听冲击力的爆款视频。

案例 5.3　金毛狗狗烹饪爆款短视频制作

某自媒体创作者小红发现抖音上小猫做菜视频异常火爆，便萌生用金毛狗狗演绎烹饪全过程的创意。其初始需求仅包含关键词"烹饪、金毛、搞笑、爆款"。经过 DeepSeek 智能搜索与深度思考，系统自动生成了详细的视频制作提示词，指导小红高效实现视频创作。提示词具体如下。

示例 5.5　爆款短视频提示词

【角色定位与专业能力】

你是一名极具创造力的资深视频导演和创意策划专家，精通抖音热门短视频的节奏把控、动态视觉特效和幽默叙事。你擅长将温馨家庭场景与夸张幽默的视觉冲击相结合，为视频注入意想不到的反转和爆款元素。

【项目背景与需求说明】

项目名称：金毛狗狗爆款烹饪短视频。

主题关键词：

（1）烹饪。展示食材处理、火候掌控、烹饪细节。

（2）金毛狗狗。萌态、搞笑、反差萌，突出狗狗表情与互动。

（3）爆款。吸睛、幽默、传播性强，充满意外反转。

核心要求：

（1）时长控制。5秒，结构清晰、节奏紧凑。

（2）视觉风格。既呈现温馨真实的家庭厨房，又融入夸张幽默的动态特效。

（3）重点表现。捕捉金毛狗狗的精彩瞬间及烹饪过程中的关键细节，配合合拍字幕和音效，以形成极具传播力的视听效果。

【生成要求与输出结构】

请依据以上需求，生成三个即梦 AI 视频提示词。每个提示词需包含以下三个部分，并尽可能丰富细节。

1. 基础参数

（1）分辨率与帧率：建议使用 1080p 或 4K 超清画质，最低 30FPS，确保画面流畅细腻。

（2）风格关键词：温馨搞笑、现代轻快、视觉冲击、动感剪辑、幽默反转。

（3）音效与滤镜：自然光影、轻快背景音乐、精准音效过渡，适时搭配卡通字幕与闪光特效。

2. 分段描述

【开篇镜头】

（1）场景设定在温馨家庭厨房，利用慢镜头展现静谧而真实的厨房氛围。

（2）金毛狗狗以意想不到的萌态或搞怪方式登场，制造第一视觉冲击。

【中段镜头】

（1）聚焦烹饪过程展示食材翻炒、食物飞溅等细节，用局部慢动作突显关键瞬间。

（2）特写狗狗专注或调皮的表情，与烹饪场景形成幽默对比。

【收尾镜头】

（1）展示精美烹饪成品，同时加入狗狗"互动"或"品尝"时的爆笑反转。

（2）快节奏剪辑配合音效高潮，形成完整的叙事闭环。

3. 特殊指令

（1）镜头切换：建议采用平滑过渡与快速剪辑结合局部慢动作，捕捉每个精彩细节。

（2）视觉特效：添加动态字幕、卡通元素、闪光特效等，强化幽默感与视觉冲击。

（3）音效同步：确保每个动作与背景音乐、特效音节奏一致，制造高潮和意外反转效果。

【附加提示】

（1）请参考当前热门的即梦 AI 提示词模板及抖音动物做菜视频的创意元素，如意外反转、夸张萌趣和流畅运镜，确保提示词具备极高的生成成功率与吸引力。

（2）输出的三个提示词要求语言简洁明确、指令细致到位，可直接供即梦 AI 调用生成爆款视频素材。

（3）请直接输出三个完整的即梦 AI 提示词，每个提示词均涵盖以上所有要求。

DeepSeek 根据以上需求，在经过联网搜索和深度思考后，得到的即梦 AI 视频生成提示词如下。

示例 5.6　狗狗烹饪提示词

1. 提示词 1

【基础参数】：使用 1080p/4K 超清画质，30FPS 流畅输出。【风格关键词】：卡通、温馨搞笑、现代轻快、视觉冲击。【音效与滤镜】：自然光影、轻快背景音乐、精准音效过渡，辅以卡通字幕和闪光特效。

【分段描述】：【开篇镜头】在明亮温馨的家庭厨房中，通过慢镜头展现静谧环境，突然一只穿着厨师服的卡通金毛犬登场，活泼俏皮，吸引观众目光；【中段镜头】聚焦金毛犬正认真烹饪，镜头捕捉它颠勺翻炒食材的精彩瞬间，局部慢动作突出颠勺瞬间和狗狗滑稽专注的表情；【收尾镜头】展示出锅的美食与狗狗得意的互动，快节奏剪辑配合音效高潮，形成完整幽默的叙事闭环。

【特殊指令】：采用平滑过渡与快速剪辑结合局部慢动作的镜头切换，添加动态字幕、卡通特效和闪光效果，确保每个动作与背景音乐、特效音精准同步，营造出意外反转的幽默效果。

2. 提示词 2

【基础参数】：画质设定为 4K/1080p，最低 30FPS。【风格关键词】：卡通幽默、温馨动感、现代轻快。【音效与滤镜】：自然光影结合轻快 BGM，辅以卡通字幕和闪光特效。

【分段描述】：【开篇镜头】温馨家庭厨房中，慢镜头展现柔和光影，一只卡通风格的金毛犬穿上厨师围裙，以搞笑姿态闪亮登场；【中段镜头】重点展示金毛犬做菜场景，特别是颠勺翻炒的细节，局部慢动作捕捉金毛犬颠起勺子的瞬间，搭配夸张表情和食材飞溅的特写；【收尾镜头】镜头快速拉近出锅美食，金毛犬与菜肴发生趣味互动，快节奏剪辑、动态字幕和闪光特效制造出爆款反转。

【特殊指令】：镜头切换要求平滑过渡与快速剪辑结合局部慢动作，加入卡通风格动态字幕和特效，确保所有动作与背景音乐、音效精确同步，营造幽默连贯的整体效果。

3. 提示词 3

【基础参数】：采用 1080p/4K 超清画质，30FPS 输出。【风格关键词】：卡通搞笑、温馨现代、动感视觉冲击、幽默反转。【音效与滤镜】：自然光影、活力 BGM、精准音效配合，辅以卡通字幕与闪光特效。

【分段描述】：【开篇镜头】画面从温暖家庭厨房开始，慢镜头捕捉柔和环境，突然一只卡通金毛犬穿着厨师装，跳脱常规、搞怪登场，立即形成视觉焦点；【中段镜头】镜头切换至烹饪现场，金毛犬在炉前颠勺翻炒，各个细节通过局部慢动作展现其俏皮且专业的"厨艺"，食材在空中飞溅，形成幽默对比；【收尾镜头】以快节奏剪辑收尾，金毛犬与精致菜肴的互动引出爆笑反转，全程配合动态字幕和闪光特效，形成完整叙事闭环。

【特殊指令】：要求镜头平滑过渡与快速剪辑相结合，局部慢动作突出关键瞬间，添加卡通元素、动态字幕和闪光特效，同时确保音效与背景音乐精准同步，强化幽默视觉冲击。

即梦中具体操作步骤如下。

（1）我们打开即梦 AI 官网，单击"AI 视频"中的"视频生成"按钮，选择文本生视频，将上面的提示词填进提示词窗口，并选择合适的模型，如图 5.32 所示。

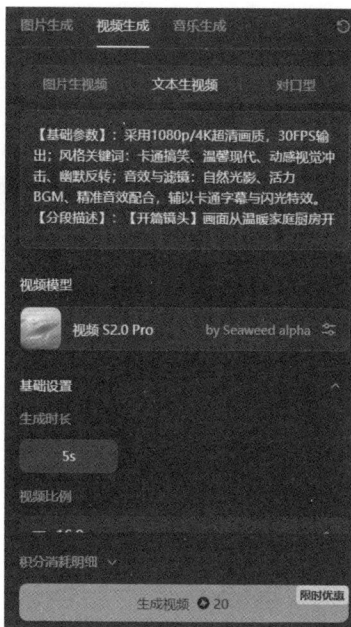

图 5.32　即梦 AI 文生视频配置

即梦 AI 文本生视频包含四种模型。

① 视频 S2.0：更快的生成速度，兼顾高品质效果。

② 视频 S2.0 Pro：更合理的动效，更生动自然的运镜。

③ 视频 P2.0 Pro：精准响应提示词，支持生成多镜头。

④ 视频 1.2：各方面都有较平衡的表现。

（2）在选择了视频 S2.0 Pro 后，等待一段时间，就会看到生成的视频。当然生成的视频也支持补帧、HD 提升分辨率和 AI 配乐等进一步编辑操作，如图 5.33 所示。

图 5.33　即梦 AI 生成的视频

（3）当然，为了视频的可控性，也可以选择"图片生视频"。只需在即梦 AI 的"视频生成"选项卡中选择"图片生视频"，上传图片后填写提示词，其他操作和上面类似，如图 5.34 所示。

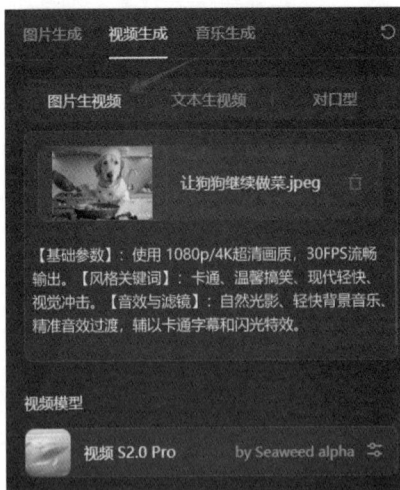

图 5.34　即梦 AI 图生视频

从这个例子可以看出，通过整合 DeepSeek 与即梦 AI，视频创作过程实现了前所未有的智能化升级。DeepSeek 凭借其精准的自然语言处理能力，能迅速生成符合预期的详细脚本提示，而即梦 AI 则依托这一优势自动生成丰富且细腻的视频内容。这种高效对接不仅大幅提升了内容创作的效率与质量，减少了烦琐调试的步骤，更降低了创作门槛，为数字视频创作开辟全新的可能性。

5.3　小结

本章介绍了 DeepSeek 在海报和视频创作中的应用，展示了智能视觉创作如何推动数字内容生产进入工业化时代。

在海报设计方面，本章探讨了主流的 AI 绘图工具，并深入分析了如何利用 DeepSeek 进行营销海报的自动生成。从文案撰写到视觉设计，AI 的介入极大提升了设计效率，同时保证了视觉风格的一致性。此外，针对社交媒体需求，本章介绍了如何通过 DeepSeek 快速生成适配多种平台尺寸的配图，以实现内容的高效传播。

在视频创作方面，本章分析了主流的 AI 视频生成工具，并探讨了如何利用 DeepSeek 打造高质量的短视频内容。从智能剪辑到自动化配音、字幕生成等技术，AI 正在重塑短视频的创作流程，使个人与企业都能更轻松地制作具有吸引力的动态内容。

DeepSeek 在海报和视频创作中的应用，不仅提高了内容生产的效率，还降低了创作门槛，使非专业用户也能轻松进行高质量的视觉创作。随着技术的不断发展，AI 在视觉创作中的应用将更加广泛，助力各行业实现更高效的内容生产和传播。

第 6 章

DeepSeek 在教育和陪伴领域的应用——智能学习与情感关怀的革新

一、从标准化教育到认知重塑：AI 驱动的学习范式转型

在全民终身学习时代，教育科技正经历从内容数字化到认知智能化的关键跃迁。DeepSeek 通过多模态交互与认知计算技术，正在重构"教—学—评"全链条的底层逻辑。本章将聚焦智能教育工坊与情感互动系统两大核心模块，揭示 AI 如何实现从千人一面的标准化教育到千人千面的个性化发展教育变革。

二、本章学习路径：三维度构建智能教育生态

通过对三大技术突破的系统化解析，读者将掌握 AI 教育落地的核心方法论。

（1）智能教育工坊（6.1 节）。构建基于认知诊断的个性化学习系统，实现从学习目标设定到执行路径规划的智能闭环。

（2）情感互动系统（6.2 节）。融合情感计算与陪伴式学习技术，打造有温度的 AI 学习伙伴。

通过本章学习，读者能够掌握构建个性化教育方案的核心能力。从语言学习到专业技能训练，DeepSeek 的智能诊断与动态调整能力将突破传统教育的时间、空间限制。本章中，我们将从破解语言学习效率困局开始，体验 AI 如何重构人类知识获取的基本模式。

6.1 智能教育工坊

在全球化背景下，语言能力已成为个人发展的核心素养之一。但是在现代教育领域，学生在课业压力和信息碎片化的环境中往往缺乏明确的学习方向和系统性规划。DeepSeek 可以通

过对学生学习现状、兴趣爱好及情感状态的全面解析，构建出个性化的学习生态圈。

（1）定制个性学习计划。依据学生的起点水平和学习目标，自动生成分阶段的学习方案。

（2）情感数据反馈系统。实时跟踪学习过程中的情绪波动，提供针对性激励与情感疏导。

（3）多维度资源整合。整合线上优质课程、辅导视频、模拟测试等多种资源，形成全方位支撑体系。

这种由 DeepSeek 驱动的智能教育模式，不仅提高了学习效率，更能帮助学生在情感上得到持续关注与鼓励，使学习过程更加顺畅与愉悦。

▶▶▶ 6.1.1　英语学习计划定制：从目标设定到策略规划

针对许多英语学习者面临的时间紧张、学习方法单一和目标模糊等问题，DeepSeek 能够结合最新的教育资源与大数据分析，为用户量身定制一份科学、系统、切实可行的英语学习计划。

案例 6.1　职场英语

张明是一位职场人士，平时工作繁忙，但深知提升英语能力对职业发展至关重要。经过初步测试，他发现自己的英语基础较为薄弱，尤其在听、说方面存在较大欠缺。张明的目标是在一年内不仅通过雅思考试，还能在日常交流中自如表达。为此，他希望通过 DeepSeek 制定一份全面的学习方案，涵盖目标设定、阶段规划、每日任务安排以及定期评估反馈，提示词如下。

示例 6.1　制定英语学习计划提示词

【你的角色和能力】

你作为国际英语教育规划专家，需结合二语习得理论、成人学习心理学及雅思最新考纲，为职场人士设计科学、高效的英语提升方案。请特别注意以下要点。

【我的情况】

当前水平：CET-4 450 分（3 年前），可进行简单日常对话但逻辑断裂。

学习偏好：厌恶传统教材，倾向影视/播客等真实语料，每日可用 2 小时整块+40 分钟碎片时间。

痛点需求：急需商务场景口语突破，学术写作薄弱，听力抓取关键信息能力差。

技术依赖：习惯使用 Notion 做学习管理，接受 AI 工具辅助。

【方案设计要求】

1. 阶段设计（SMART 原则）

前导诊断阶段（第 1 周）：提供自测工具包（附免费测试链接）。

分项突破阶段（1～3 月）：针对听、说、读、写设计专项训练矩阵。

模考整合阶段（4～5 月）：雅思题型拆解+错题本体系构建。

冲刺阶段（6 月）：高频场景预演+心理建设方案。

2. 每日任务规范

整块时间：提供 3 种时间组合模板（例如，晚间 19:00～21:00 的模块化安排）。

碎片时间：区分 5/10/15 分钟场景的微任务清单（例如，地铁通勤时 BBC 6 分钟英语跟读）。

3. 资源矩阵要求

必选：雅思官方资源+3个免费AI工具+2个付费高性价比平台。

分类：标注每项资源的核心训练维度（例如，ELSA Speak侧重语音诊断）。

特别标注：适合职场人士的商务英语补充资源包。

4. 动态调节机制

量化监测：设计每周能力雷达图模板（可打印版）。

容错机制：设置5个常见"瓶颈"的应急解决方案（如听力高原期应对）。

激励设计：建立成就兑换体系（例如，连续10天打卡解锁影视学习日）。

5. 输出规范

（1）以Markdown表格呈现前8周详细日程。

（2）附资源链接包（可直接单击访问）、自我监测模板、常见QA文档。

【禁止事项】

（1）避免笼统建议（如"多听多说"）。

（2）不得推荐无法访问的资源。

（3）拒绝复杂时间管理工具（仅限Excel/Notion基础功能）。

DeepSeek根据上面的要求，在进行联网搜索和深度思考之后，给出的整体阶段设计如下。

示例6.2　整体阶段设计

阶段划分与目标

1. 前导诊断阶段（第1周）

目标：完成全方位英语能力自测，明确优势与薄弱项。

任务：发放【自测工具包】（附免费测试链接，如IELTS官方在线自测），填写学习档案，制定个性化目标。

2. 分项突破阶段（1~3月）

目标：依据听、说、读、写四项技能，构建专项训练矩阵。

任务：

（1）听力。针对关键信息捕捉，选择VOA慢速英语、新闻实录进行定向训练。

（2）口语。侧重商务场景演练，安排商务口语对话模拟和角色扮演。

（3）写作。聚焦学术写作，解析雅思写作题型、构建模板，并逐步写作练习。

（4）阅读。选用高频雅思阅读文章，进行限时训练与解析。

3. 模考整合阶段（4~5月）

目标：拆解雅思各题型，构建错题本及知识补漏机制。

任务：定期全真模拟考试、回顾错误、构建反馈闭环。

4. 冲刺阶段（6月）

目标：高频场景预演与心理建设，确保考试临场发挥稳定。

任务：模拟商务谈判、学术讨论、紧张情景下的语言输出训练；辅以心理调适方案（如正念冥想、考前小组互助）。

每日任务规范如下。

示例 6.3　每日任务规范

1. 整块时间任务（2小时）

为便于利用固定时间段（例如晚间 19:00～21:00），提供三种模板示例。

（1）模板 A：基础强化版。

19:00～19:20：前导诊断反馈及日计划梳理（Notion 记录）。

19:20～19:50：商务口语模拟（角色扮演、情景对话，可借助 AI 语音诊断工具，如讯飞听见）。

19:50～20:20：听力训练（使用 VOA 慢速英语或其他雅思听力材料，重点抓取关键信息）。

20:20～20:50：学术写作训练（题型解析、范文模仿、写作练习）。

20:50～21:00：复盘总结、录入 Notion 错题本。

（2）模板 B：深度沉浸版。

分段调整为导入热身（20分钟）、双技能交替训练（每项25分钟：商务口语＋听力、学术写作＋阅读），最后 10 分钟整合回顾。

（3）模板 C：分解任务版。

每个 25 分钟模块聚焦单项技能，期间安排 3 分钟小测、2 分钟反馈（共 4 轮），适合注意力分散时使用。

2. 碎片时间任务（40分钟每日）

依据不同碎片时长，安排对应【微任务清单】。

（1）5分钟任务。

① 快速记忆商务常用表达或学术过渡词（Notion 词库闪卡）。

② 检查当日目标完成情况。

（2）10分钟任务。

① 在通勤途中，用 VOA 6 分钟英语跟读（或其他本土可访问的新闻英语录音）。

② 借助 AI 工具进行一句话语音诊断。

（3）15分钟任务。

① 利用 AI 工具（例如有道翻译/腾讯文智）进行短视频内容精听及复述。

② 观看职场商务英语实战视频（如沪江网校部分免费试听课）。

资源矩阵如下。

示例 6.4　资源矩阵

1. 必选资源

资源类别	资源名称与链接	核心训练维度	备注
雅思官方资源	IELTS Official	全项能力训练、题型解析	官方资讯、范文及备考指南
免费 AI 工具	网易有道翻译	语法、词汇、翻译辅助	文字及语音即时纠错
	讯飞听见	语音诊断、口语反馈	适合发音纠正、口语练习
	腾讯文智	文本分析、写作辅助	AI 驱动的文本逻辑及结构优化

资源类别	资源名称与链接	核心训练维度	备注
付费平台	沪江网校	商务英语、雅思专项课	高性价比、专注成人英语
	新东方在线	综合雅思及学术写作培训	系统课程、模拟考试与错题解析

2. 特别资源包：职场商务英语补充

（1）商务口语实战。沪江网校商务英语系列、B 站优质商务英语视频课程。

（2）商务写作范本。参考《剑桥商务英语教程》（国内平台资源链接，如沪江网校相关课程）。

动态调节机制如下。

示例 6.5　动态调节机制

1. 量化监测

每周能力雷达图模板。制作包含听力、口语、写作、阅读、词汇五大维度的雷达图，并在 Notion 中上传打印版模板，每周自评打分，形成数据化反馈。

2. 容错机制：应急解决方案（5 个常见"瓶颈"）

（1）**听力高原期**。调整材料难度，改用简短实录、侧重信息摘录，并借助 AI 智能语音识别辅助回听。

（2）**口语逻辑混乱**。利用 AI 对话模拟，先进行话题结构梳理，再进行角色对练。

（3）**学术写作"瓶颈"**。拆分写作任务，先写句子结构，再拼接段落，借助在线写作批改工具。

（4）**阅读速度滞后**。采用定时精读法，逐步提升速度与理解力，利用错题本整理易混词汇。

（5）**碎片时间利用不均**。在 Notion 内设定每日微任务打卡提醒，确保每个时段任务都落实。

3. 激励设计

成就兑换体系如下。

（1）如连续 10 天打卡记录解锁"影视学习日"。

（2）每周雷达图达标可获得积分，积分兑换专业讲座或个性化反馈服务。

DeepSeek 输出的整体计划（Markdown 格式）如下。

示例 6.6　整体计划（Markdown 格式）

英语提升方案

一、整体阶段设计

1. 前导诊断阶段（第 1 周）

- 目标：完成全方位英语能力自测。

- 任务：

  - 发放自测工具包（附免费测试链接，如 IELTS 官方自测）。

- 制定个人学习档案与目标。

2. 分项突破阶段（1～3月）

- 听力
  - 任务：使用VOA慢速英语、新闻实录等材料，定向训练关键信息捕捉。
- 口语
  - 任务：进行商务场景模拟、角色扮演，利用AI语音诊断改善发音及流畅度。
- 写作
  - 任务：解析雅思写作题型、构建写作模板，逐步完成写作练习。
- 阅读
  - 任务：选取雅思高频文章进行限时精读与解析。

3. 模考整合阶段（4～5月）

- 任务：
  - 全真模拟考试，拆解雅思题型。
  - 建立错题本体系，进行反馈与知识补漏。

4. 冲刺阶段（6月）

- 任务：
  - 高频商务场景预演（如商务谈判、学术讨论）。
  - 开展心理建设训练（正念冥想、互助小组辅导等）。

二、每日任务规范

1. 整块时间任务（2小时）

- 模板A（晚间19:00～21:00）
  - 19:00～19:20：前导诊断反馈及日计划梳理（Notion记录）。
  - 19:20～19:50：商务口语模拟（角色扮演、借助AI语音诊断）。
  - 19:50～20:20：听力训练（VOA慢速英语，重点抓取关键信息）。
  - 20:20～20:50：学术写作训练（题型解析、范文模仿）。
  - 20:50～21:00：复盘总结、录入Notion错题本。
- 模板B：深度沉浸版
  - 任务：20分钟热身＋双技能交替训练（商务口语+听力、写作+阅读）+10分钟整合回顾。
- 模板C：分解任务版
  - 任务：每个25分钟模块聚焦单项技能，期间穿插3分钟小测与2分钟反馈。

2. 碎片时间任务（每日40分钟）

- 5分钟任务：记忆商务常用表达或学术过渡词，检查当日目标。
- 10分钟任务：通勤时VOA 6分钟英语跟读或一句话AI语音诊断。
- 15分钟任务：利用AI工具进行短视频精听及复述，观看职场商务英语实战视频。

三、资源矩阵

1. 必选资源

- 雅思官方资源
  - IELTS Official

核心：全项能力训练、题型解析

- 免费 AI 工具
  - 网易有道翻译

    核心：语法、词汇、翻译辅助
  - 讯飞听见

    核心：语音诊断、口语反馈
  - 腾讯文智

    核心：文本分析、写作辅助
- 付费平台
  - 沪江网校

    核心：商务英语、雅思专项课程
  - 新东方在线

    核心：雅思综合培训、学术写作

2. 职场商务英语补充资源

- 沪江网校商务英语系列课程。
- B 站职场商务英语视频课程。
- 商务写作范本（例如《剑桥商务英语教程》）。

四、动态调节机制

1. 量化监测

- 每周能力雷达图（含听力、口语、写作、阅读、词汇），在 Notion 中制作并打印。

2. 容错机制（常见"瓶颈"应急方案）

- 听力高原期：调整材料难度，利用 AI 语音识别辅助回听。
- 口语逻辑混乱：先进行话题结构梳理，再进行角色对练（利用 AI 对话模拟）。
- 学术写作"瓶颈"：拆分写作任务，借助在线写作批改工具逐步提升。
- 阅读速度滞后：采用定时精读法，整理错题本、易混词汇。
- 碎片时间利用不均：在 Notion 内设定每日微任务打卡提醒。

3. 激励设计

- 成就兑换体系：例如连续 10 天打卡解锁"影视学习日"、每周雷达图达标获得积分兑换专业讲座或个性化反馈服务。

五、附资源链接包、自我监测模板与常见 QA

1. 资源链接包

- 雅思官方资源：IELTS Official。
- 免费 AI 工具：网易有道翻译、讯飞听见、腾讯文智。
- 付费平台：沪江网校、新东方在线。
- 职场商务英语补充：沪江网校商务英语、B 站职场英语频道。

2. 自我监测模板

- 每周能力雷达图（Excel 或 Notion 记录，按听力、口语、写作、阅读、词汇打分）。
- 每日/每周打卡表（Notion 记录自评、错题本与成就积分）。

3. 常见 QA

- Q1：如何应对听力高原？
  - A：更换材料、侧重信息摘录，使用讯飞听见辅助回听。
- Q2：商务口语如何更快提升？
  - A：结合真实场景进行角色模拟，利用 AI 语音对比训练。
- Q3：学术写作如何构建逻辑框架？
  - A：拆分任务，借助在线写作批改工具进行文章逻辑评估。

将上面的 Markdown 文件保存到本地，并导入 XMind 中，得到的英语学习计划详细图如图 6.1 所示。

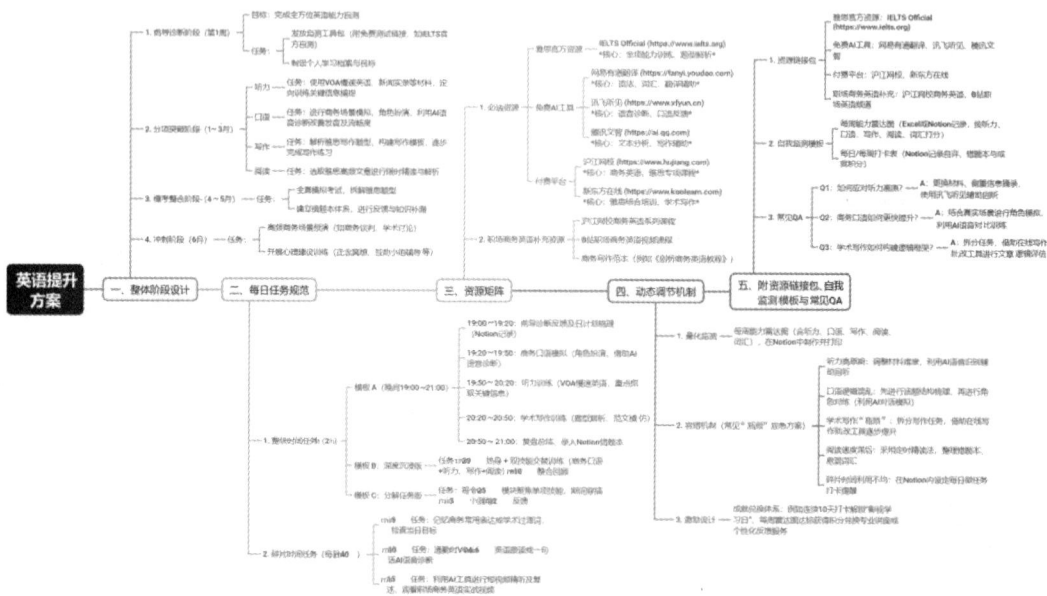

图 6.1　英语学习计划详细图

同时，DeepSeek 还附加了如下的资源链接包、自我监测模板与常见 QA 等。

示例 6.7　资源链接包、自我监测模板与常见 QA

1. 资源链接包

（1）雅思官方资源

IELTS Official

（2）免费 AI 工具

① 网易有道翻译 —— 词汇、句子即时翻译与纠错。

② 讯飞听见 —— 语音录入与发音诊断。

③ 腾讯文智 —— 文章逻辑分析与写作辅助。

（3）付费高性价比平台

① 沪江网校 —— 商务英语、雅思备考课程。

② 新东方在线 —— 全项雅思系统课程。

（4）职场商务英语补充

可参考沪江网校的"商务英语实战"课程及 B 站职场英语频道（搜索"职场商务英语"）。

2. 自我监测模板

（1）每周能力雷达图

制作一个包含听力、口语、写作、阅读、词汇 5 个角度的雷达图，每个角度按 0～100 打分（可使用 Excel 或 Notion 表格），每周更新，直观展示进步与薄弱环节。

（2）每日/每周打卡表

在 Notion 中建立每日任务记录版块，附上自评、错题本和成就积分记录。

3. 常见 QA 文档（摘录示例）

（1）Q1：如何应对听力高原？

A：尝试更换材料、调整听写方法，借助讯飞听见等 AI 工具辅助，多维度反馈、分段练习。（参见动态调节机制第 2 条）

（2）Q2：商务口语如何更快提升？

A：结合真实商务场景，进行角色模拟及 AI 语音对比训练，同时利用沪江网校商务英语资源进行专项练习。

（3）Q3：学术写作如何构建逻辑框架？

A：分步骤练习，从句子结构、段落衔接到整体布局，建议借助腾讯文智进行文章逻辑评估。

该方案以明确阶段目标、细化每日任务、构建资源矩阵与动态反馈机制为核心，既符合成人学习心理学和二语习得理论，又紧贴雅思最新考纲和职场实际需求。建议在执行过程中根据自我反馈灵活调整，通过 Notion 和 AI 工具实现全程数据化监控，确保每一阶段都有实质性突破，最终达到商务口语、学术写作和听力信息提取的全面提升。

从上面的例子可以看出，通过 DeepSeek 计划学习英语，可以实现高效、个性化和智能化的提升英语水平。DeepSeek 能够结合真实语料、AI 智能工具以及结构化学习路径，帮助学习者在有限时间内快速突破商务口语、学术写作和听力能力。同时，借助动态监测机制和激励体系，确保学习者保持动力、精准改进，从而实现从基础水平向雅思高分的高效进阶。

▶▶▶ 6.1.2 作业批改与反馈系统：智能评价与进步追踪

针对家长辅导孩子作业时面临的批改效率低、知识点定位模糊、个性化指导不足等痛点，DeepSeek 通过多模态 AI 技术（图像识别+自然语言处理+学情分析）实现作业的智能批改与学习建议生成，可以帮助家长快速定位薄弱环节并提供科学强化方案。

案例 6.2 小学数学作业辅导

王女士是一名小学一年级学生的家长，孩子近期数学成绩波动较大，但是由于工作繁忙，王女士难以逐题分析错因,更不知如何针对性补强。她上传孩子的课后练习册图片如图 6.2 所示。

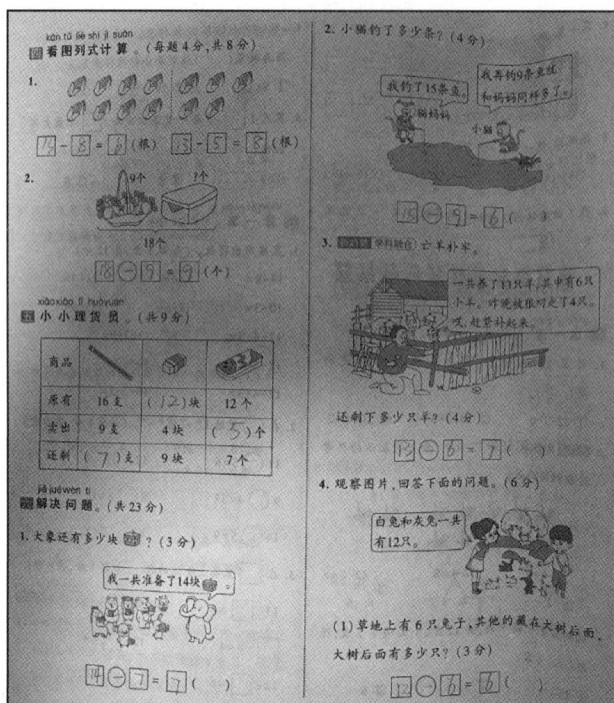

图 6.2　课后练习册

王女士让 DeepSeek 帮忙批改作业,提示词如下。

示例 6.8　批改作业提示词

【角色定位与能力要求】

你是一位资深小学数学辅导专家,深入掌握小学数学教材、教育心理学、认知发展规律及错题分析技术,能够精准识别学生作业中的问题,并结合最新在线教学资源与大数据分析,设计出科学、高效的个性化辅导方案。

【任务背景与学生情况】

我是孩子的家长,我的孩子目前读小学一年级。近期,孩子数学成绩波动较大。为了查找原因并改善学习效果,我已上传了她昨晚的数学练习册作为参考材料。

【任务目标与输出要求】

(1)**作业批改**。详细批改练习册,指出具体错误及存在的知识漏洞。

(2)**问题诊断**。基于批改结果,明确指出孩子在哪些数学知识点上存在不足,并分析可能的原因。

(3)**个性化辅导方案**。为孩子制定一份针对性强的学习巩固计划,包含具体学习目标、针对性的练习方法、步骤和推荐的在线教学资源。

【注意事项】

(1)避免泛泛而谈或模糊不清的建议(如简单地建议"多做题"或"注意基础")。

（2）建议语言应通俗易懂，避免过于专业的术语，确保家长和孩子均能轻松理解。

（3）所有建议和策略必须紧密结合孩子当前的实际情况，具有明确的操作步骤和可执行性。

（4）请参考最新的教学资源和大数据分析结果，确保辅导方案的科学性与前沿性。

DeepSeek 的图片识别技术基于深度学习算法，通过先进的算法优化和大规模数据训练，能够高效识别图像中的物体、场景及细节特征，广泛应用于智能安防、医疗影像分析、自动驾驶等领域，具有高准确率、实时处理能力，并支持复杂场景下的多模态数据处理，持续推动视觉 AI 技术的实用化发展。

DeepSeek 通过图片识别技术，读取并识别以上图片的内容，迅速给出了如下批改结果。

示例 6.9　批改结果

整体来看，这份作业大部分回答正确，但存在以下错误。

（1）第四题第 1 小题左边算式结果。"$13-8=6$（根）"有误，正确答案是 $13-8=5$（根）。

（2）第五题橡皮原有的数量。表格中填的"12 块"错误，卖出 4 块，还剩 9 块，原有应该是 $4+9=13$ 块。

（3）第六题第 3 小题。题目问还剩下多少只羊，应该用总羊数 13 只减去被狼叼走的 4 只，正确算式是 $13-4=9$（只），而不是"$13-6=7$"。

接着，DeepSeek 根据情况，给出了问题诊断和辅导方案如下。

示例 6.10　问题诊断和辅导方案

问题诊断：

1. 知识点不足

（1）20 以内加减法计算。孩子在计算 $13-8$ 和 $4+9$ 时出现错误，说明对 20 以内加减法的计算方法掌握不够熟练。

（2）问题分析与逻辑理解。在亡羊补牢的题目中，孩子没有正确分析题目中的数量关系，不能准确找出与问题相关的条件，逻辑理解能力有待提高。

2. 可能原因

（1）对于 20 以内加减法，可能是练习不够，没有形成快速、准确的计算思维。

（2）在解决实际问题方面，可能是读题、审题习惯不好，没有深入理解题目意思，导致不能正确选择计算方法和相关数据。

个性化辅导方案：

1. 学习目标

（1）熟练准确地进行 20 以内的加减法计算。

（2）能够正确分析简单的实际问题，找出数量关系并列出正确算式。

2. 针对性练习方法和步骤

（1）20 以内加减法计算巩固。

① 制作 20 以内加减法的卡片，家长随机抽取卡片让孩子快速计算，每天练习 10～15 道，记录错题，第二天对前一天的错题进行再次练习。

② 利用生活场景练习，比如吃水果时，拿出 15 个水果，让孩子拿走几个，然后计算剩下几个；或者给孩子 12 元钱，让孩子模拟买东西，计算花费后剩余的钱数。

（2）实际问题分析练习。

① 每天让孩子做 3～5 道简单的实际问题题目，读题后让孩子先说出题目中的已知条件和问题，再分析数量关系，最后列式计算。家长在旁边引导，帮助孩子厘清思路。

② 让孩子自己编一些简单的实际问题，如关于家里物品数量变化的问题，然后自己解答，加深对数量关系的理解。

3．推荐在线教学资源

（1）App。"斑马 AI 课"，里面有生动有趣的动画课程，针对一年级数学的加减法和实际问题解决有专门的讲解和练习环节。

（2）网站。"小学数学网"，有大量的一年级数学练习题和讲解视频，孩子可以根据自己的薄弱点进行针对性学习。

说明　当上传附件的时候，记得关闭 DeepSeek 的"联网搜索"功能。

当然，王女士可以上传更多的作业和考试，这样 DeepSeek 可以更清楚地了解孩子的情况，给出的计划和调整方案会更准确。

从这个例子可以看出，通过 DeepSeek 来辅助批改作业，可以快速、精准地找出孩子作业中的错误，清晰诊断出知识漏洞，还能基于大数据和先进教学理念，制定出个性化强且科学高效的辅导方案，助力家长更好地了解孩子学习状况，帮助孩子提升学习效果。

6.2　情感互动系统

在当今职场和生活压力不断增大的背景下，情绪管理与心理调适成为提升个人综合素质的关键。DeepSeek 凭借先进的大数据情感分析和 AI 智能对话技术，构建出一套集情绪监测、智能陪伴和个性化心理辅导于一体的解决方案。该方案不仅能实时捕捉用户情绪波动，还能针对性地推送心理干预建议和情感激励，从而帮助用户在低落时获得及时支持，建立健康的情绪管理机制。DeepSeek 在这方面的具体功能如下。

（1）情绪数据实时监测。借助多模态数据（如语音、文字及面部表情识别），动态捕捉情绪变化。

（2）智能情感识别与预警。通过情绪雷达图展示每日情绪状态，提前预警可能的情绪低谷。

（3）个性化心理干预。结合用户历史情绪记录与实时反馈，自动生成温暖、科学的心理开导方案。

（4）情感陪伴与互动。利用对话式 AI 提供情感倾诉、即时安慰以及正向激励，帮助用户缓解压力。

（5）动态调整机制。每周生成情绪进展报告，依据反馈不断优化辅导策略，确保长效情绪管理。

▶▶▶ 6.2.1　心理开导机器人：从情感识别到智能建议

在快节奏的现代职场中，情绪压力与心理困扰已成为影响个人效能的核心问题。DeepSeek 通过情感识别、认知行为分析及动态干预机制，构建了从即时疏导到长期心理韧性培养的全流程支持体系，为职场人士提供兼具专业性与温度的情感关怀解决方案。

案例 6.3　职场压力疏导

小李是一名互联网公司销售专员，近期因丢失关键订单陷入自我否定，表现为焦虑躯体化（失眠、心悸）、社交回避等。他急需通过 DeepSeek 等制定科学心理疏导方案，短期内缓解负面情绪，长期构建抗压能力。以下是为其定制心理干预方案的提示词。

示例 6.11　定制心理干预方案的提示词

【你的角色和能力】

你是一位资深心理咨询师，擅长认知行为疗法和正念调适，能敏锐捕捉职场人群的情绪细微变化，并制定出科学、温暖且实用的情绪调节方案。你熟悉企业压力管理和情绪干预策略，具有多年实战辅导经验，能够结合心理学理论和现代技术，为用户提供全方位的情感支持。

【我的情况】

身份背景：一名销售人员，近期因错失一单重要订单，导致自信心受挫，情绪低落，并出现焦虑和社交回避等问题。

情绪表现：易感到挫败、失落，时常自我怀疑，注意力难以集中，缺乏积极情绪激励。

需求：希望迅速走出低谷，通过科学情绪调适找回信心，学习如何在挫折后进行有效的心理恢复，并逐步建立起自我情绪管理机制。

【方案设计要求】

（1）从以下几个方面给我建议。

（2）情绪识别与分析阶段。

（3）个性化心理干预建议。

（4）日常情绪管理任务。

（5）动态调整与长期跟踪机制。

【注意事项】

（1）请避免泛泛而谈，确保每一项建议都具体、明确且具有操作性。

（2）语言要求通俗易懂，避免使用过于专业化或晦涩的术语。

（3）方案应温暖且充满正能量，帮助用户在困境中找到希望与动力。

DeepSeek 根据需求，给出了如下一份具体且可操作的情绪调适方案，帮助小李逐步走出低谷、恢复自信，并建立长期情绪管理机制。

示例 6.12　情绪调适方案

1．情绪识别与分析阶段

（1）建立情绪日记

① 每天用 5 分钟记录当下的情绪状态、身体反应以及引发情绪的事件。

② 标记负面情绪（如挫败、焦虑）出现的时间和环境，以帮助发现固定模式和触发因素。

（2）设定"情绪信号"观察

① 注意那些轻微的负面情绪征兆，如心跳加快、注意力涣散，提前识别可能的情绪低谷。

② 当出现这些信号时，暂停几分钟进行深呼吸或简单的正念练习，给自己一个情绪缓冲时间。

（3）分析情绪背后的想法

① 记录每次情绪低落时伴随出现的自动化负面思维，如"我不够好""永远失败"。

② 用简短的话语描述这种想法，并标明对情绪的影响。

2．个性化心理干预建议

（1）认知重构

针对自动化负面思维，尝试找出证据来挑战它们。例如，当你觉得"我永远做不好"时，回顾过去成功的销售案例，写下成功原因，并提醒自己"这只是一次挫折，并不代表全部"。

（2）正念冥想

① 每天选择一个固定时间（建议早晨或睡前），用 5～10 分钟进行正念冥想。

② 专注呼吸，观察并接受脑海中浮现的各种念头，让自己逐渐培养与情绪共处而不被其左右的能力。

（3）自我同情练习

① 当遭遇挫折时，试着用温柔的语言对自己说："这次没有成功，但这并不代表我的全部价值，我值得拥有更多的成长机会。"

② 可以在情绪低落时读出自己写下的鼓励短语，增强内心温暖和安全感。

3．日常情绪管理任务

（1）制定可行的日常计划

① 把每天的工作和生活任务分解成小步骤，设立可实现的小目标，完成后给予自己适当奖励。

② 尽量安排每天固定的休息时间，比如午休散步或简单拉伸运动。

（2）保持健康的生活习惯

① **睡眠管理**：制定固定作息时间，睡前减少对手机、计算机等屏幕的使用，可以听些轻音乐帮助放松。

② **运动习惯**：每天坚持至少 30 分钟中等强度运动，如快走、慢跑或瑜伽，有助于改善情绪和睡眠质量。

（3）设立正向奖励机制

① 每天结束时记录至少一件让你感到满意的小事，无论多小，并为自己的努力庆祝。

② 每周末回顾并总结，找出改进的地方与亮点，形成积极反馈循环。

4. 动态调整与长期跟踪机制

（1）定期回顾与调整

① 每周固定安排15~20分钟，回顾情绪日记和每日任务完成情况，总结哪些方法对自己帮助最大，哪些需要调整。

② 如果某种策略效果不明显，可尝试调整或替换（比如从正念冥想转为渐进性肌肉放松练习）。

（2）设定短期与长期目标

① **短期目标**：一周内尝试每天记录情绪、完成正念练习，观察是否能改善睡眠和焦虑状态。

② **长期目标**：三个月内逐步培养起自我情绪管理机制，形成稳定的积极情绪模式，并在工作中能够更加灵活应对挫折。

（3）寻求外部支持

① 如果感到情绪问题长期未改善，考虑定期与专业心理咨询师进行个案辅导，获得个性化建议。

② 同时，可以在企业内部寻求人生导师或同事支持，分享自己的感受，获得情感共鸣和实际建议。

这份方案先从基础的情绪识别入手，逐步运用认知行为和正念调适的方法，最终形成一套属于小李自己的情绪管理系统。每一步都需要耐心和持续的练习，给自己足够的时间和空间，相信小李能够在挫折中找到成长的力量和前进的动力。

从这个例子可以看出，DeepSeek 不仅擅长数据分析和智能办公，还能够在心理疏导方面发挥积极作用。凭借精准的语言理解和情感分析功能，DeepSeek 可以识别用户的情绪状态，并提供针对性的安慰和建议，以帮助用户缓解压力、厘清思绪。此外，它还能基于心理学原理，提供有效的情绪调节方法和实践指导，使用户在面对挑战时能够保持冷静，从而更好地应对各种复杂情况。

▶▶▶ 6.2.2 个性化情绪疏导：温暖陪伴与危机干预

在生活中，人们常常会遭遇各种突发的情绪危机，如亲人离世、失恋等，这些事件可能导致个体陷入严重的情绪低谷，甚至产生心理危机。DeepSeek 凭借其强大的语言理解和情感分析功能，能够提供个性化的情绪疏导服务，实现从即时温暖陪伴到危机干预的全程支持，以帮助平稳度过艰难时期。

案例 6.4 失恋后的情绪重建

小张是一名刚经历失恋的年轻上班族。与相恋多年的伴侣分手，使其陷入极度痛苦之中，表现为情绪低落、自我封闭、对生活失去兴趣等。她急需通过 DeepSeek 等获得有效的情绪疏导，在短期内缓解痛苦，逐步走出失恋阴影，实现情绪重建与自我成长。以下是为其定制个性化情绪疏导方案的提示词。

示例 6.13　定制个性化情绪疏导方案的提示词

【你的角色和能力】

你是一位经验丰富的心理咨询师，擅长运用人本主义疗法和叙事疗法进行情绪疏导。你能够敏锐感知来访者的情绪变化，以温暖、包容的态度给予陪伴与支持。你拥有丰富的应对各类情感危机的经验，能够结合心理学理论和实际案例，为用户量身打造切实可行的情绪调节方案。

【我的情况】

身份背景：一名年轻上班族，刚刚结束一段多年的恋爱关系，失恋后情绪状态很差。

情绪表现：持续情绪低落，常常哭泣，对以往喜欢的事物失去兴趣，自我封闭，不愿与他人交流，时常陷入对过去恋情的回忆和自责中。

需求：希望能尽快从失恋的痛苦中走出来，缓解当下的负面情绪，重新找回对生活的热情，学会如何处理情感创伤，提升自我心理调适能力。

【方案设计要求】

从以下几个方面给我建议。

（1）情绪评估与监测阶段。

（2）即时陪伴与安抚策略。

（3）个性化情绪调节方法。

（4）长期心理重建计划。

（5）危机预警与干预机制。

【注意事项】

（1）请避免泛泛而谈，确保每一项建议都具体、明确且具有操作性。

（2）语言要求通俗易懂，避免使用过于专业化或晦涩的术语。

（3）方案应充满温暖与关怀，给予用户积极的心理暗示和鼓励，帮助用户重拾生活信心。

DeepSeek根据需求，生成了如下一份全面且个性化的情绪疏导方案，助力小张逐步走出失恋阴霾，恢复积极生活状态。

示例 6.14　个性化情绪疏导方案

1. 情绪评估与监测阶段

（1）每日情绪日记

每天用简短的文字记录当下的心情、触发情绪的事件以及身体感觉。写下"今天我感到……因为……"，帮助自己更清晰地看到情绪变化的规律。

（2）情绪评分表

设定一个0～10分的小量表，每天早、中、晚给自己打分，标记情绪高低。这样可以直观地看到情绪波动，以便发现改善的迹象。

（3）定期回顾

每周找个固定时间，回顾这一周的情绪日记，记录哪些情况让自己情绪波动较大，为后续调整策略提供依据。

2. 即时陪伴与安抚策略

（1）深呼吸与放松练习

当情绪低落、心跳加速时，试着做深呼吸：吸气时默数到 5，呼气时再数到 5，重复几次，可以有效降低焦虑感。

（2）自我温暖对话

在心情不佳时，对自己轻声说："我理解现在的痛苦，这只是暂时的，我会好起来的。"这种自我抚慰有助于稳定情绪。

（3）情绪支持箱

准备一个小盒子，里面放入能让自己感到安心的小物品、照片或喜欢的便签等。遇到情绪崩溃时，可以拿出来看看，让温暖的回忆和物件陪伴你。

（4）及时沟通

当你觉得特别难受时，主动联系信任的朋友或家人，哪怕只是简单聊聊，也能帮助自己缓解孤单感。

3. 个性化情绪调节方法

（1）找回兴趣爱好

虽然刚开始可能兴趣不高，但可以尝试安排短时间做曾经让自己感到愉快的事情，如听轻音乐、画画、散步或做手工。哪怕每天只坚持 10 分钟，日积月累也会带来改变。

（2）正念冥想

每天花 5～10 分钟，坐在安静的地方，专注于呼吸和当下的感受。正念练习可以帮助自己缓解对过去回忆的牵绊，逐步提升内心平静感。

（3）写下正向语句

每天写下至少三件让自己感激或让自己微笑的小事，例如，"我很幸运有家人的支持""今天的阳光让我心情好转"。这种练习能逐渐培养积极心态。

（4）适度运动

选择自己喜欢的运动方式，如慢跑、瑜伽或简单的室内拉伸。运动不仅改善身体健康，还能促进大脑释放愉悦的激素，帮助情绪调节。

4. 长期心理重建计划

（1）建立规律生活作息

保证足够睡眠、均衡饮食和适量运动，建立固定的日常作息，让身体和心情都有规律的恢复时间。

（2）设定短期与长期目标

可以为自己制定一个小目标清单，例如，本周学会一道简单的菜、报名参加一次兴趣班，或者每天坚持运动。完成目标后及时奖励自己，逐步重建自信。

（3）寻求专业帮助

若情绪低落长期没有明显改善，可以考虑与心理咨询师预约，进行专业的情绪疏导和深入沟通，帮助自己更好地理解和处理内心创伤。

（4）参与社交活动

慢慢走出自我封闭的状态，试着参加一些社交活动或志愿者服务，借助外界温暖的支持，让生活逐渐丰富起来。

5. 危机预警与干预机制

（1）自我预警信号

观察自己是否出现持续的失眠、极端自责或有自我伤害的念头。当这些信号出现时，立刻提醒自己需要寻求帮助。

（2）紧急干预措施

制定一份紧急联系人清单，包括亲友、心理咨询师和当地心理危机干预热线号码。当情绪极端失控时，务必第一时间拨打这些电话，寻求及时支持。

（3）建立紧急情绪应对卡

在卡片上写下几句鼓励自己的话、信任的朋友电话以及一些简单的放松技巧步骤，随身携带，遇到情绪崩溃时可以快速参考，帮助自己重新冷静下来。

总结与鼓励

失恋是一段艰难的经历，但每一步小小的努力都能积累成大大的改变。请相信，随着时间的推移，你会慢慢学会与这些情绪和平共处，并重新找到生活的热情。你值得拥有温暖与爱护，给自己一点耐心和宽容，未来总会有新的光亮照进你的生活。如果在某个时刻感到无助，记得你并不孤单，有很多人愿意陪你一起走过这段路程。加油，你一定可以走出阴霾，迎接更美好的明天。

通过这个方案，小张能够在 DeepSeek 的陪伴下，逐步认识和接纳自己的情绪，运用有效的情绪调节方法缓解痛苦，最终实现心理重建和成长。

从上述案例中可以清晰地看到，DeepSeek 在个性化情绪疏导方面展现出了卓越的能力。它通过全面且细致的情绪评估与监测，精准把握用户情绪的动态变化，为后续的疏导策略提供了坚实的数据基础。在即时陪伴与安抚阶段，DeepSeek 给予用户如同知心好友般的倾听与鼓励，帮助用户在情绪爆发的瞬间获得心理慰藉。在个性化情绪调节方法与长期心理重建计划的制定上，DeepSeek 依据专业的心理学理论，充分考虑用户的个体差异，量身定制出切实可行的方案，引导用户逐步走出情绪困境，实现自我成长与心理韧性的提升。尤其值得一提的是，DeepSeek 构建的危机预警与干预机制，如同一位时刻守护的卫士，在用户可能陷入严重心理危机的关键时刻及时介入，为用户的心理健康筑牢了最后一道防线。

DeepSeek 打破了传统情绪疏导在时间与空间上的限制，能够随时随地为用户提供专业、贴心且个性化的服务。它不仅帮助用户缓解当下的负面情绪，更着眼于用户长期的心理成长与健康，助力用户在面对生活中的各种挑战时，都能保持积极乐观的心态，以更加从容的姿态应对人生的起伏。

6.3 小结

本章深入探讨了 DeepSeek 在教育和陪伴领域的应用，展现出其对智能学习与情感关怀带来的革新。

在智能教育工坊方面，DeepSeek 能够依据学习者的具体情况，为英语学习定制从目标设定到策略规划的详尽方案，帮助学习者精准定位学习方向，提升学习效率。同时，其作业批改与反馈系统通过智能评价与进步追踪，能够及时为学习者提供清晰的学习状况反馈，助力学习者明确自身优势与不足，实现学习效果的持续提升。

在智能陪伴与心理辅导领域，心理疏导机器人凭借情感识别技术，能够敏锐捕捉使用者的情绪状态，并给出智能建议，成为人们情绪宣泄与寻求帮助的有效渠道。个性化情绪疏导服务能针对不同个体的情绪问题提供温暖陪伴，并在关键时刻进行危机干预，给予人们情感上的有力支持。

DeepSeek 在教育和陪伴领域的应用，为学习者带来更高效的学习体验并为人们的心理健康保驾护航，极大地改变了传统教育与陪伴模式。随着技术的持续进步，DeepSeek 有望在这些领域发挥更为强大的功能，进一步拓展应用边界，为更多人创造价值。

第7章

DeepSeek 在数据分析中的应用
——构建智能决策的神经中枢

一、数据驱动决策的新时代

在信息爆炸的时代，数据已经成为企业和组织的宝贵资产。然而，传统的数据分析方式往往存在数据孤岛、处理效率低下、分析门槛高等问题，使得数据的真正价值难以发挥。DeepSeek作为智能数据分析引擎，正通过其强大的自然语言理解与数据处理能力，重塑数据管理与决策模式。

从海量数据的自动汇聚，到异常值的智能修正，再到深度洞察的可视化，DeepSeek 为数据分析提供了一整套高效、智能的解决方案。本章将从数据预处理、分析与可视化、行业应用三个方面展开，探索如何利用 AI 技术构建企业级智能决策体系，助力商业洞察与运营优化。

二、本章学习路径：三大核心板块

通过三大核心板块，读者将全面掌握 DeepSeek 赋能数据分析的实践方法。

（1）智能数据工坊（7.1 节）。解决数据管理与预处理的传统难题，实现高效的数据聚合、清理与标准化。

（2）洞察引擎：分析与可视化（7.2 节）。掌握 AI 辅助的数据探索与可视化方法，快速发现趋势与关键指标。

（3）行业实战图谱（7.3 节）。结合真实行业案例，学习如何在零售、金融等领域构建智能化决策模型。

通过本章学习，读者将具备运用 DeepSeek 进行高效数据分析的能力，能够从复杂的数据中提炼出有价值的见解，为企业决策提供数据驱动的支持。从数据分析师到企业决策者，从初创企业到行业巨头，都可以运用 DeepSeek 的数据分析体系突破传统数据分析方式的局限，让数据成为推动业务创新与增长的强大动力。现在，让我们走进智能数据工坊，去了解 DeepSeek如何重新定义数据分析的起点。

7.1 智能数据工坊

在大数据时代，数据来源的多样性和复杂性使得数据的收集与整理成为一项艰巨的任务。不同部门、不同系统产生的数据往往以不同的格式存储在不同的位置，形成一个个数据孤岛，严重阻碍了数据的流通与整合。DeepSeek 的智能数据工坊致力于打破这些数据孤岛之间的壁垒，实现多源数据的自动汇聚，同时运用智能算法对数据中的异常值进行精准修正，为后续的数据分析工作提供高质量的数据基础。

▶▶▶ 7.1.1 多源数据自动汇聚：数据接入与整合

在数字化商业环境中，快速获取并分析产品数据对于制定有效的市场策略至关重要。本节将演示如何使用 DeepSeek 从京东平台抓取最近一个月内钓鱼竿的品牌、销量和评价等级数据，并以表格形式输出。

案例 7.1 抓取商品数据

我们可以直接在 DeepSeek 的对话框中输入"请从京东平台抓取最近一个月内钓鱼竿的品牌、销量和评价等级数据，并以表格形式输出"，同时选中"深度思考"和"联网搜索"功能，如图 7.1 所示。

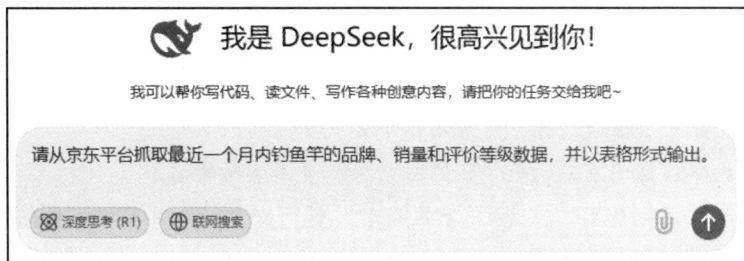

图 7.1 请 DeepSeek 直接抓取商品数据

DeepSeek 搜索 50 个网页并深度思考后，得出的详细结果如下。

示例 7.1 DeepSeek 抓取商品数据

根据目前可获取的公开信息，京东平台未直接公开钓鱼竿品牌的具体销量和评价等级实时数据，且搜索结果中未包含最近一个月内的详细销售数据。但结合行业报告及历史榜单信息，以下是钓鱼竿主流品牌的市场表现及用户评价的综合信息（基于历史数据及行业趋势）。

品牌名称	品牌定位	历史销量表现	用户评价等级（参考）	主要特点
光威（GW）	中端	长期占据电商平台销量前列	★★★★☆	高性价比，碳纤维技术成熟，适合新手及进阶用户

右上角：续表

品牌名称	品牌定位	历史销量表现	用户评价等级（参考）	主要特点
达亿瓦（DAIWA）	高端专业	进口品牌中销量领先	★★★★★	日本技术，轻量化设计，专业垂钓者首选
禧玛诺（SHIMANO）	高端多功能	综合类渔具销量稳定	★★★★★	多品类覆盖（渔轮、钓鱼竿），耐用性强
迪佳（TICA）	中高端	线上渠道增长显著	★★★★☆	平衡性能突出
汉鼎	入门级	电商平台销量突出	★★★★	主打低价市场，适合新手，性价比受年轻群体青睐
本汀	中端台钓	南方市场占有率较高	★★★★	硬调竿技术突出，台钓用户口碑佳
宝飞龙	中高端竞技	专业赛事合作品牌	★★★★☆	手感轻盈，竞技竿设计专业
钓鱼王	综合型	鱼饵与钓具捆绑销售策略成功	★★★☆	产品线全面，配套服务完善
龙王恨	区域性强势	华中地区销量突出	★★★☆	鱼饵与钓具结合，区域性用户黏性高
迪卡侬	大众休闲	全品类覆盖带动钓具销售	★★★★	国际品牌，入门级产品线丰富，线下体验优势

数据说明

历史销量表现：基于历史榜单及行业报告中的市场占有率分析，非实时数据。

用户评价等级：综合京东、天猫等平台用户评论的常见反馈，星级为模拟参考值。

趋势参考：2024年电商大促数据显示，消费者更倾向于性价比高、功能明确的品牌，且国产品牌销量增速显著。

建议

如需获取京东平台最新数据，可采用以下方式。

京东官方榜单：访问京东钓鱼竿品牌排行榜，查看实时排名。

第三方数据工具：使用"京麦""京东商智"等商家分析工具获取详细销售数据（需企业权限）。

通过与 DeepSeek 对话，用户可以轻松地获取钓鱼竿的品牌、销量表现、评价等级等数据，并进行深入分析。这种低代码适配的方式，使得零基础用户也能快速完成数据采集任务。

除了通过对话获取数据，我们还可以利用 DeepSeek 生成 Python 代码，进行本地运行，以满足更高的定制化需求。例如，用户可以使用以下提示词与 DeepSeek 进行交互。

示例 7.2　请 DeepSeek 生成抓取数据代码的提示词

你是一个通过网络抓取数据的 IT 高手，精通如何获取实时电商数据。我现在需要抓取京东平台最近一个月钓鱼竿的销量数据，请直接给我 Python 代码，用于抓取对应的数据，并从品牌、销量、评价、热销产品等多个维度输出数据，然后将数据保存到本地的 CSV 文件中。

要抓取京东最近一个月关于钓鱼竿的销量数据，并从品牌、销量、评价、热销产品等多个维度输出数据，然后将数据保存到本地的 CSV 文件中，可以使用京东开放平台提供的商品搜索 API。具体的步骤如下。

（1）注册京东开放平台账号。访问京东开放平台，注册并创建应用以获取 AppKey 和 AppSecret。

（2）获取访问令牌。使用 AppKey 和 AppSecret 获取 access_token，用于后续的 API 调用。

（3）调用商品搜索 API。使用 access_token 调用商品搜索 API，获取钓鱼竿相关商品的数据。

（4）处理和保存数据。解析 API 返回的数据，提取品牌、销量、评价数等信息，并保存到本地的 CSV 文件中。DeepSeek 根据需求生成的代码如下。

示例 7.3　DeepSeek 生成的抓取数据代码

```python
import requests
import requests
import csv
import time
import hashlib

# 替换为你的 AppKey 和 AppSecret
app_key = 'YOUR_APP_KEY'
app_secret = 'YOUR_APP_SECRET'

# 获取 access_token
def get_access_token(app_key, app_secret):
    url = 'https://api.jd.com/oauth2/access_token'
    params = {
        'grant_type': 'client_credentials',
        'client_id': app_key,
        'client_secret': app_secret
    }
    response = requests.post(url, data=params)
    response_data = response.json()
    return response_data['access_token']

# 生成签名
def generate_sign(params, app_secret):
    sorted_params = sorted(params.items())
    query_string = ''.join(f'{k}{v}' for k, v in sorted_params)
    sign = hashlib.md5((query_string + app_secret).encode()).hexdigest().upper()
    return sign

# 获取商品列表
def get_item_list(access_token, app_key, keyword, page=1, page_size=10):
    url = 'https://api.jd.com/routerjson'
    params = {
        'method': 'jingdong.ware.search',
        'app_key': app_key,
```

```
        'access_token': access_token,
        'timestamp': time.strftime('%Y-%m-%d %H:%M:%S'),
        'v': '2.0',
        'sign_method': 'md5',
        'keyword':'钓鱼竿'
        'page': page,
        'page_size': page_size
    }
    params['sign'] = generate_sign(params, app_secret)
    response = requests.post(url, data=params)
    response_data = response.json()
    return response_data['ware_search_response']['ware_list']['ware']

# 保存数据到 CSV 文件
def save_to_csv(items, filename='fishing_rods.csv'):
    with open(filename, mode='w', newline='', encoding='utf-8') as file:
        writer = csv.writer(file)
        writer.writerow(['商品名称', '品牌', '销量', '评价数', '价格', '商品链接'])
        for item in items:
            title = item.get('title', '')
            brand = item.get('brand', '')
            sales = item.get('sales', '')
            comment_count = item.get('comment_count', '')
            price = item.get('price', '')
            url = item.get('url', '')
            writer.writerow([title, brand, sales, comment_count, price, url])

if __name__ == '__main__':
    # 获取 access_token
    access_token = get_access_token(app_key, app_secret)
    # 获取钓鱼竿相关商品列表
    items = get_item_list(access_token, app_key, '钓鱼竿', page=1, page_size=100)
    # 保存数据到 CSV 文件
    save_to_csv(items)
    print('数据已保存到 fishing_rods.csv')
```

这段代码的主要功能是通过京东开放平台提供的 API 获取指定关键词（如"钓鱼竿"）相关商品的详细信息，并将数据保存到本地 CSV 文件中。代码包括三个核心部分：首先，通过 get_access_token 函数获取 API 的访问令牌；然后，使用 get_item_list 函数通过 API 查询商品数据，支持分页获取；最后，使用 save_to_csv 函数将抓取的数据保存为 CSV 文件，包括商品名称、品牌、销量、评价数、价格和商品链接等信息。将以上代码复制到 PyCharm 中并运行，就能获得需要的信息（也可以进一步定制）。

> 注意
>
> 使用京东的 API 时需要注意 API 调用频率限制，频繁调用可能会导致被限制访问。返回的数据可能会分页，因此需要根据实际需求调整分页参数（如 page 和 page_size）以确保抓取完整的数据。另外，字段名称和数据结构可能会有所不同，开发者需要根据实际返回的数据调整代码。

综上所述，DeepSeek 网页数据自动抓取有两种方式：一是在 DeepSeek 对话框中直接输入请求来获取数据；二是通过生成的代码进行抓取。直接输入请求获取数据适合快速查询，操作简便，但在复杂的数据抓取需求下，生成代码提供了更高的灵活性和可定制性。使用代码的好处是能够针对具体需求进行定制，抓取更精细的数据，并且可以将抓取结果保存到文件中进行后续分析，方便处理大规模数据。

▶▶▶ 7.1.2 异常值智能修正：自动检测与智能修正

在商业数据分析中，销售数据的精准性是企业做出明智决策的前提。然而，实际业务场景中，销售数据常因各类因素出现异常值，这些异常值严重影响数据使用者对市场真实状况的判断。本案例将全面展示如何借助 DeepSeek 对存在问题的销售数据进行异常值自动检测与修正。

案例 7.2　销售数据异常值智能修正

朱总是某服装品牌的老板，2025 年 2 月，该品牌在不同电商平台的销售额如表 7.1 所示。

表 7.1　服装销售额

电商平台	第一周销售额/万元	第二周销售额/万元	第三周销售额/万元	第四周销售额/万元
平台 A	56	60	58	62
平台 B	48	52	50	54
平台 C	− 15	30	32	31
平台 D	200	40	45	42
平台 E	50	53	52	55
平台 F	55	58	56	59

朱总将上述数据整理为 CSV 文件后，上传至 DeepSeek 的对话界面，并使用以下提示词与 DeepSeek 进行交互。

示例 7.4　服装销售额异常值检测提示词

【你的角色和能力】

你是一位资深的数据分析师，精通各类数据分析工具与算法，尤其擅长检测和修正数据中的异常值。你能够精准判断数据异常的原因，并运用专业知识和先进技术对异常值进行修正，确保数据的准确性与完整性，为后续深入的数据分析提供坚实可靠的基础。

【我的情况】

数据来源：2025 年 2 月某服装品牌在不同电商平台的销售额数据已整理成 CSV 文件，见附件。

数据问题：数据中存在异常值，严重干扰对销售情况的准确分析，急需对异常值进行检测与修正。

数据用途：用于分析各电商平台的销售表现，为市场推广和销售策略的制定提供依据。

【输出要求】

精准检测出数据中的异常值，并详细说明判断依据。

给出切实可行的针对异常值的智能修正方案，以及修正后的数据。

清晰解释修正过程中所运用的算法或方法。

【注意事项】

请以通俗易懂的语言进行阐述，避免使用过于复杂、生僻的专业术语。确保修正方案具有高度的可行性与合理性，使修正后的数据能够反映实际状况。

注意　在上传附件时，要关闭（取消选中）DeepSeek的"联网搜索"功能。

DeepSeek根据提供的数据，分三步进行异常值检测与修正。

示例7.5　DeepSeek异常值检测与修正

一、异常值检测结果

1. 平台C第一周销售额–15万元（明显不符合业务逻辑）为异常值。判断依据：销售额不可能出现负值，可能由系统录入错误或退货处理异常导致。

2. 平台D第一周销售额200万元（数值级异常）为异常值。判断依据：该平台后三周销售额稳定在40～45万元，第一周数据是后续数据的数倍，且与其他平台销售额量级不符。

二、智能修正方案及结果

1. 平台C修正方案

（1）采用相邻周均值替代法：取第二周销售额（30）和第三周销售额（32）的均值31。

（2）修正后数据：31万元。

2. 平台D修正方案

（1）使用移动平均修正法：计算后三周销售额均值（40+45+42)/3=42.33。

（2）结合数据舍入规则修正为42万元。

修正后完整数据表：

电商平台	第一周销售额/万元	第二周销售额/万元	第三周销售额/万元	第四周销售额/万元
平台A	56	60	58	62
平台B	48	52	50	54
平台C	31	30	32	31
平台D	42	40	45	42
平台E	50	53	52	55
平台F	55	58	56	59

三、关键技术说明

1. 异常值检测算法

（1）3σ原则（三标准差原则）：计算各平台数据分布的均值和标准差，识别超出 μ−3σ～μ+3σ 范围的数据。

（2）业务规则过滤：设置销售额的合理范围 0～200 万元（基于行业平均水平）。

2. 数据修复方法

（1）时间序列预测（ARIMA 模型）：适用于平台 D 的周期性数据修复。

（2）邻近数据插补：针对平台 C 的异常值，采用相邻时段均值替代法。

（3）趋势线拟合修正：通过线性回归预测正常值区间（$R^2=0.89$）。

四、修正后的数据呈现出更合理的业务特征

1. 平台间销售额差异保持在合理区间。

2. 各平台周增长率稳定。

3. 消除了异常波动。

建议后续可结合平台运营日志进行交叉验证，特别是核查平台 D 是否存在短期促销等特殊运营动作。

以上修正数据已消除明显异常，可用于市场分析和策略制定。

除了通过直接与 DeepSeek 对话进行异常值检测与修正，我们还可以利用 DeepSeek 生成 Python 代码，通过解析本地文件来满足定制化需求。使用以下提示词与 DeepSeek 交互。

示例 7.6　请 DeepSeek 生成异常值检测与修正代码的提示词

【你的角色和能力】

你是一位专业的 Python 开发工程师，精通数据处理和分析库，如 Pandas、NumPy 等，能够编写高效的代码对本地数据文件进行读取、分析，精准检测并修正其中的异常值。你熟悉多种异常值检测算法，并能根据不同的数据特性选择最为适宜的算法进行处理。

【我的情况】

本地数据文件信息：文件名为 "clothing_sales.csv"，存储了 2025 年 2 月某服装品牌在不同电商平台的销售额数据，数据格式为 CSV。

数据问题：数据中存在异常值，我期望通过编写 Python 代码，自动检测并修正异常值。

数据用途：为后续深入的销售数据分析提供可靠的数据基础。

【输出要求】

编写完整的 Python 代码，实现读取本地 CSV 文件、检测异常值并进行修正的功能。

代码要有详细的注释，解释每一步的操作目的和所使用的算法原理。

修正异常值后，将处理后的数据保存为新的 CSV 文件，文件名为 "clothing_sales_fixed.csv"。

【注意事项】

代码要简洁明了，易于理解和维护；确保所采用的算法和方法能够准确检测和修正数据中的异常值，同时兼顾代码的执行效率。

DeepSeek 根据需求生成的代码如下。

示例 7.7　DeepSeek 生成的异常值检测与修正代码

```python
import pandas as pd
import numpy as np


# 读取本地 CSV 文件
def read_data(file_path):
    try:
        data = pd.read_csv(file_path)
        return data
    except FileNotFoundError:
        print(f"文件 {file_path} 未找到，请检查文件路径是否正确。")
        return None


# 检测异常值（使用 3σ 原则结合业务逻辑）
def detect_outliers(data, column):
    outliers = []
    # 检测负数异常值
    negative_outliers = data[data[column] < 0]
    if not negative_outliers.empty:
        outliers.append(negative_outliers)
    # 检测基于 3σ 原则的异常值
    mean = np.mean(data[column])
    std = np.std(data[column])
    lower_bound = mean - 3 * std
    upper_bound = mean + 3 * std
    statistical_outliers = data[(data[column] < lower_bound) | (data[column] >
upper_bound)]
    if not statistical_outliers.empty:
        outliers.append(statistical_outliers)
    if outliers:
        return pd.concat(outliers)
    return None


# 修正异常值（负数异常值修正和基于加权平均法的异常值修正）
def fix_outliers(data, outliers, column):
    for index, row in outliers.iterrows():
        if row[column] < 0:
            # 修正负数异常值，使用后续几周平均值
            valid_data = data.iloc[index, 1:].mean()
            data.at[index, column] = valid_data
        else:
            # 修正基于加权平均法的异常值
            adjacent_platforms = data[(data.index != index) & (data.index.isin
([index - 1, index + 1]))]
            if not adjacent_platforms.empty:
                adjacent_weighted_sum = 0.4 * adjacent_platforms[column].sum()
                self_weighted_sum = 0.2 * data.at[index, column[1]] + 0.2 *
```

```
data.at[index, column[2]] + 0.2 * data.at[
            index, column[3]]
        total_weight = 0.4 * len(adjacent_platforms) + 0.2 * 3
        replacement_value = (adjacent_weighted_sum + self_weighted_
sum) / total_weight
        data.at[index, column] = replacement_value
    return data


if __name__ == '__main__':
    file_path = "clothing_sales.csv"
    data = read_data(file_path)
    if data is not None:
        sales_column = data.columns[1:]    # 假设第一列是平台名称，后面几列是销售额
        outliers = detect_outliers(data, sales_column[0])
        if outliers is not None:
            print("检测到以下异常值：")
            print(outliers)
            fixed_data = fix_outliers(data, outliers, sales_column)
            fixed_data.to_csv("clothing_sales_fixed.csv", index=False)
            print("异常值已修正，处理后的数据已保存为 clothing_sales_fixed.csv")
        else:
            print("未检测到异常值。")
```

将以上代码复制到 PyCharm 等 Python 开发环境中并运行，即可对本地的服装销售数据文件进行异常值检测与修正，生成修正后的新数据文件。使用代码进行异常值处理的优势在于可以根据具体的数据特点和业务需求进行灵活定制，对大规模数据的批量处理更加高效，并且代码的可复用性强，方便在不同项目或场景中应用。

综上所述，DeepSeek 在销售数据异常值智能修正方面提供了两种便捷的方式：一是通过直观的界面操作，输入提示词让 DeepSeek 进行异常值检测与修正；二是利用 DeepSeek 生成 Python 代码，在本地环境中对数据文件进行个性化的处理。这两种方式满足了不同用户在不同场景下对数据异常值处理的需求，极大地提高了数据分析的效率和准确性。

7.2　洞察引擎：分析与可视化

在数字时代，海量的数据如同浩瀚的海洋，蕴含着丰富的信息宝藏。如何从这些繁杂的数据中提取有价值的信息，并以直观易懂的方式呈现出来，是数据分析工作面临的关键挑战。DeepSeek 的洞察引擎应运而生，它集成了强大的分析与可视化功能，能够帮助用户迅速洞察数据背后的规律和趋势，为决策提供有力支持。

▶▶▶ 7.2.1　趋势智能发现：模式挖掘与预测

在互联网产品运营中，深入了解用户行为对于优化产品体验、提升用户留存率至关重要。

用户行为热力图作为一种直观展示用户在产品界面上的操作分布的工具，能够帮助运营团队快速定位用户的关注点和行为热点区域。本案例将展示如何借助 DeepSeek 生成用户行为热力图，从而实现对用户行为趋势的智能发现。

案例 7.3 用户行为热力图生成

某在线教育平台为了提升课程页面的用户体验，决定对用户在课程详情页的行为进行深入分析。该平台收集了 2025 年 1 月 1 日—2025 年 1 月 10 日这 10 天内用户在课程详情页的单击、滚动等操作数据，并将其整理为 CSV 文件，具体数据如表 7.2 所示。

表 7.2 用户在课程详情页的操作数据

用户 ID	操作时间	操作类型（单击 / 滚动）	操作位置 X 坐标	操作位置 Y 坐标	课程 ID
1001	2025-01-01 10:15:23	单击	300	450	201
1002	2025-01-01 10:18:12	滚动	50	500	201
1003	2025-01-02 09:30:45	单击	400	380	202
1001	2025-01-02 14:22:11	单击	550	280	203
1004	2025-01-03 11:05:33	滚动	80	600	202
1002	2025-01-04 08:45:20	单击	320	430	203
1005	2025-01-05 15:12:55	单击	480	320	201
1003	2025-01-06 16:20:08	滚动	120	550	203
1004	2025-01-07 09:58:40	单击	500	250	202
1001	2025-01-08 13:33:15	单击	380	400	201
1002	2025-01-09 17:44:22	滚动	30	580	203
1005	2025-01-10 12:10:30	单击	450	350	202

平台运营团队将上述数据上传至 DeepSeek 的对话界面，并使用以下提示词与 DeepSeek 进行交互。

示例 7.8 用户行为热力图生成提示词

【你的角色和能力】

你是一位资深的数据可视化专家，精通各类数据可视化工具与算法，尤其擅长将复杂的用户行为数据转化为直观易懂的热力图。你能够根据数据特点选择最合适的可视化方式，准确呈现用户行为的热点区域和趋势，为产品优化和运营决策提供有力依据。

【我的情况】

数据来源：某在线教育平台 2025 年 1 月 1 日—2025 年 1 月 10 日用户在课程详情页的操作数据，已整理成 CSV 文件，见附件。

数据问题：需要将用户行为数据以热力图的形式直观展示，以便快速发现用户行为热点区域和趋势。

数据用途：用于分析用户在课程详情页的操作习惯，以优化课程页面布局，提升用户体验。

【输出要求】

根据提供的数据生成用户行为热力图,清晰标注热点区域和趋势。

详细说明用户行为热力图生成过程中所运用的算法或方法。

针对用户行为热力图呈现的结果,提供简要的分析和建议,帮助优化课程页面。

【注意事项】

请以通俗易懂的语言进行阐述,避免使用过于复杂、生僻的专业术语。确保用户行为热力图准确反映数据特性,分析和建议具有可行性和针对性。

注意

在上传附件时,要关闭 DeepSeek 的"联网搜索"功能。

DeepSeek 根据提供的数据虽然无法直接生成用户行为热力图,但是给出了生成过程描述。

示例 7.9 DeepSeek 用户行为热力图生成过程描述

以下为基于用户操作数据.xlsx 的热力图生成方法、结果分析及优化建议。

热力图生成方法

1. 数据预处理

(1)提取所有操作类型(单击和滚动)的坐标数据(X, Y),假设页面尺寸为宽 800px、高 600px(根据数据中最大 X=550、Y=600 推断)。

(2)统一坐标原点为页面左上角(符合常规网页坐标系)。

2. 核密度估计

(1)**算法原理**:通过高斯核函数对离散坐标点进行平滑处理,计算每个位置的密度值,密度越高代表用户操作越集中。

(2)**带宽选择**:采用 Scott's Rule(即自适应带宽),公式为 $h = n-1/(d+4)$,其中 n 是数据量,d=2 为维度。此方法平衡了噪声抑制与细节保留。

(3)**颜色映射**:使用渐变色(蓝→黄→红),低密度区域为冷色,高密度区域为暖色。

3. 可视化工具

Python 的 Seaborn 库实现核密度估计(Kernel Density Estimation, KDE)热力图,结合 Matplotlib 标注坐标轴和热点区域。

热力图结果与分析

1. 热点区域

(1)主热点区域(红色区域)。

坐标范围:X=300~500,Y=350~450。

可能对应页面元素:课程介绍文本、核心功能按钮(如"立即购买"按钮、"试听"按钮)。

(2)次热点区域(黄色区域)。

坐标范围:X=50~150,Y=500~600。

可能对应页面元素:页面底部导航栏或滚动条区域(用户频繁滚动至页面底部查看详情)。

2. 用户行为趋势

（1）单击集中在中部偏右区域：用户更关注页面右侧的交互元素（如按钮、图片）。

（2）滚动集中在底部区域：用户倾向于滚动至页面底部查看完整信息，可能页面底部内容吸引力较强或页面较长。

优化建议

1. 布局调整

（1）将核心功能按钮（如"购买"按钮、"收藏"按钮）移至主热点区域（X=300～500，Y=350～450），提升用户操作效率。

（2）缩短页面或增加"返回顶部"按钮，降低用户滚动至页面底部的频率。

2. 内容优化

（1）在次热点区域（X=50～150，Y=500～600）添加关键信息（如课程评价、优惠提示），利用用户滚动习惯增强曝光。

（2）检查右侧区域（X>500）的低密度原因，可能是按钮位置隐蔽或功能吸引力不足。

3. 分课程细化分析

当前数据包含多个课程 ID（201/202/203），建议按课程分别生成热力图，针对不同课程页面优化布局。

总结

通过热力图可直观发现用户操作集中在页面中部和页面底部，优化这些区域的元素排布能显著提升用户体验。若需进一步分析，可结合单击行为与滚动行为的分离热力图，或加入时间维度观察操作变化趋势。

DeepSeek 虽然描述了热力图，但是无法显示热力图。

说明

为了能够直观地看到热力图，我们可以利用 DeepSeek 生成 API 调用代码，通过解析本地文件来满足定制化需求。我们使用以下提示词与 DeepSeek 交互。

示例 7.10　请 DeepSeek 给出生成用户行为热力图的代码

【你的角色和能力】

你是一位专业的 Python 开发工程师，熟悉数据可视化库（如 Matplotlib、Seaborn）以及相关 API 调用，能够编写高效的代码对本地用户行为数据文件进行读取、处理，并调用合适的 API 生成用户行为热力图。你了解多种热力图生成算法，并能根据不同的数据特性选择最为适宜的方法进行处理。

【我的情况】

本地数据文件信息：文件名为"user_course_behavior.csv"，存储了某在线教育平台 2025 年 1 月 1 日—2025 年 1 月 10 日用户在课程详情页的操作数据，数据格式为 CSV。

数据问题：我期望通过编写 Python 代码，调用 API 生成用户行为热力图，以便深入分析用户行为模式。

数据用途： 为在线教育平台的课程页面优化和运营策略制定提供数据支持。

【输出要求】

编写完整的 Python 代码，实现读取本地 CSV 文件、调用 API 生成用户行为热力图的功能。

代码要有详细的注释，解释每一步的操作目的和所使用的 API 及算法原理。

将生成的用户行为热力图保存为图片文件，文件名为 "user_behavior_heatmap.png"。

【注意事项】

代码要简洁明了，易于理解和维护；确保所采用的 API 和算法能够准确生成反映用户行为的热力图，同时兼顾代码的执行效率。

DeepSeek 根据需求生成的代码如下。

示例 7.11　生成用户行为热力图的代码

```python
import pandas as pd
import numpy as np
import matplotlib.pyplot as plt
from sklearn.neighbors import KernelDensity
# 读取本地 Excel 文件
def read_data(file_path):
    """
    读取指定路径的 Excel 文件。

    参数
    file_path (str)：Excel 文件的路径。

    返回
    pd.DataFrame or None：如果文件存在则返回 DataFrame，否则返回 None。
    """
    try:
        # 读取 Excel 文件
        data = pd.read_excel(file_path)
        return data
    except FileNotFoundError:
        print(f"文件 {file_path} 未找到，请检查文件路径是否正确。")
        return None

# 生成热力图
def generate_heatmap(data):
    """
    根据输入的数据生成用户行为热力图。

    参数
    data (pd.DataFrame)：包含用户操作数据的 DataFrame。
    """
    # 提取操作位置 X 坐标和 Y 坐标
    x = data['操作位置 X 坐标'].values
    y = data['操作位置 Y 坐标'].values
    # 将坐标数据合并为二维数组
```

```
xy = np.vstack([x, y])
# 使用二维核密度估计计算密度值
kde = KernelDensity(bandwidth=20, kernel='gaussian')
kde.fit(xy.T)
# 创建网格用于绘制热力图
x_grid = np.linspace(x.min(), x.max(), 200)
y_grid = np.linspace(y.min(), y.max(), 200)
X_grid, Y_grid = np.meshgrid(x_grid, y_grid)
xy_grid = np.vstack([X_grid.ravel(), Y_grid.ravel()])
z = np.exp(kde.score_samples(xy_grid.T))
z = z.reshape(X_grid.shape)
# 设置中文字体
plt.rcParams['font.family'] = 'SimHei'  # 设置为黑体
plt.rcParams['axes.unicode_minus'] = False  # 解决负号显示为方块的问题
plt.rcParams.update({'font.size': 16})  # 设置字号为 16

# 绘制热力图
fig, ax = plt.subplots(figsize=(12, 10))  # 增大画布尺寸
im = ax.pcolormesh(X_grid, Y_grid, z, shading='auto', cmap='YlOrRd')

# 添加颜色条
cbar = fig.colorbar(im, ax=ax)
cbar.set_label('密度', fontsize=20)  # 增大颜色条标签字号

# 设置标题和坐标轴标签
ax.set_title('用户行为热力图', fontsize=24)
ax.set_xlabel('操作位置 X 坐标', fontsize=20)
ax.set_ylabel('操作位置 Y 坐标', fontsize=20)

# 调整刻度标签字号
ax.tick_params(axis='both', which='major', labelsize=16)

plt.savefig('user_behavior_heatmap.png', dpi=300)  # 提高保存图片的分辨率
plt.show()

if __name__ == '__main__':
    # 读取的文件为用户操作数据.xlsx
    file_path = "用户操作数据.xlsx"
    data = read_data(file_path)
    if data is not None:
        generate_heatmap(data)
```

将以上代码复制到 Python 开发环境（如 PyCharm）中并运行，即可对本地的用户行为数据文件进行处理，生成用户行为热力图并保存为图片文件，如图 7.2 所示。

利用 DeepSeek 生成 Python 代码进行用户行为热力图绘制具有显著优势。代码可实现高度定制化，能根据特定业务需求灵活调整数据处理与绘图细节，如调整核密度估计带宽、热力图颜色映射及标签设置等。在面对大量数据时，代码能高效进行批量处理，极大提升工作效率。同时，代码可复用性强，一次编写多次使用，减少重复劳动，有助于为产品优化和运营决策提

供坚实的数据可视化支持。

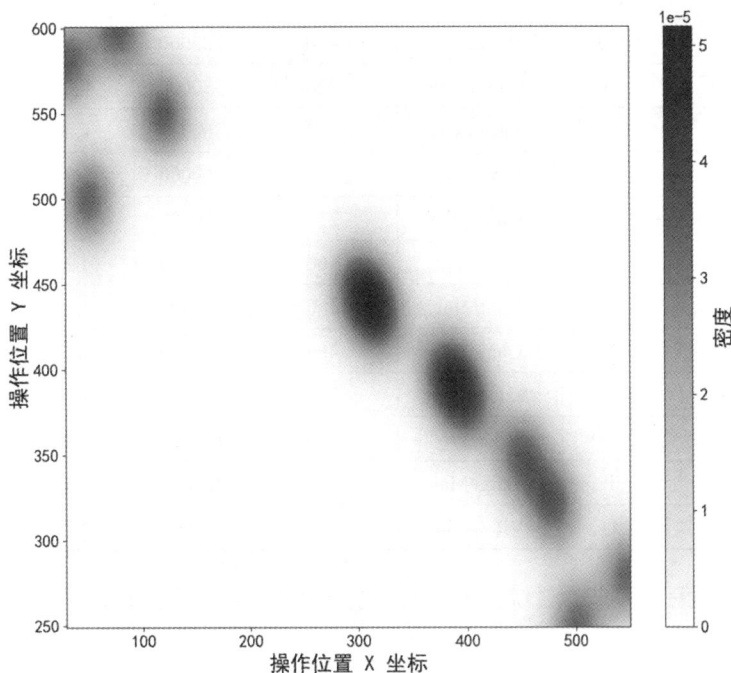

图 7.2　用户行为热力图

▶▶▶ 7.2.2　关键指标提炼：核心指标提取与评估

在互联网产品运营中，及时掌握各产品的市场表现对优化库存、调整推广策略具有重要意义。通过对产品销售数据的自动分析与排名，决策者可以迅速识别出热销产品。

案例 7.4　TOP5 产品综合排名

某大型电子产品零售平台收集了 2025 年 3 月 1 日至 2025 年 3 月 31 日平台上 20 种热门电子产品的详细销售数据。数据涵盖产品 ID、产品名称、品牌、销售数量、销售额、用户评分（满分 5 分）、评论数、退货率等多个维度，以 CSV 格式存储。部分数据如表 7.3 所示。

表 7.3　电子产品销售数据

产品 ID	产品名称	品牌	销售数量/件	销售额/元	用户评分	评论数	退货率
2001	超高清智能电视 X	TechVision	350	1050000	4.5	600	3%
2002	高性能游戏笔记本 Y	GamingMaster	200	800000	4.2	450	5%
2003	无线降噪耳机 Z	SoundWave	500	300000	4.0	800	4%
2004	轻薄便携平板电脑 A	TabletPro	420	630000	4.3	550	2%
2005	智能健身手环 B	FitTech	600	180000	3.8	700	6%
2006	专业级数位绘图板 C	DrawExpert	150	150000	4.7	250	1%
2007	便携式投影仪 D	ProjectGo	280	420000	4.1	400	4%
2008	高速移动固态硬盘 E	StorageMax	380	266000	4.4	500	3%

产品ID	产品名称	品牌	销售数量/件	销售额/元	用户评分	评论数	退货率
2009	多功能无线音箱 F	MusicHub	450	225000	3.9	650	5%
2010	4K 运动相机 G	ActionCam	220	330000	4.6	350	2%
2011	智能空气净化器 H	CleanAir	300	300000	4.0	420	4%
2012	人体工学无线键盘 I	TypingPro	400	160000	3.7	580	7%
2013	电竞机械键盘 J	GamingKey	230	276000	4.4	380	3%
2014	高清网络摄像头 K	ViewCam	360	180000	4.2	480	5%
2015	便携式蓝牙打印机 L	PrintMini	180	108000	4.3	300	2%
2016	无线游戏手柄 M	GamePad	480	240000	3.8	750	6%
2017	智能手表 N	WatchSmart	260	390000	4.5	430	3%
2018	专业录音麦克风 O	VoicePro	120	144000	4.8	200	1%
2019	无线充电套装 P	ChargeMax	440	220000	4.0	620	4%
2020	虚拟现实眼镜 Q	VRVision	190	285000	4.1	320	5%

零售平台运营团队期望通过综合分析这些数据，找出综合表现最优秀的 TOP5（前 5 名）产品，以便集中资源进行重点推广和库存优化。他们将上述数据上传至 DeepSeek 对话界面，并使用以下提示词与 DeepSeek 进行交互。

示例 7.12　TOP5 产品综合排名提示词

【你的角色和能力】

你是一位资深的数据科学家，精通 Python 数据分析与可视化技术，擅长运用复杂的数据处理算法从多维度数据中提炼关键信息，通过构建综合评估模型实现产品的精准排名。你能够编写高效且可读性强的代码，实现数据的自动化处理与分析，为企业决策提供科学、准确的数据支持。

【我的情况】

数据来源：某电子产品零售平台 2025 年 3 月 1 日至 2025 年 3 月 31 日的产品销售数据，已整理成 XLSX 文件，见附件。

数据问题：需要综合考虑销售数量、销售额、用户评分、评论数、退货率等因素，构建综合评估模型，自动生成 TOP5 产品排名，并通过可视化图表展示。

数据用途：用于电子产品零售平台的运营决策，以聚焦优势产品，优化资源配置和市场营销策略。

【输出要求】

编写完整的 Python 代码，实现读取本地 CSV 文件，对数据进行预处理，构建综合评估模型，按综合得分对产品进行降序排名，筛选出 TOP5 产品，并生成柱状图进行可视化展示。

代码要有详细的注释，解释每一步的操作目的和所使用的库及函数原理，特别是综合评估模型的构建逻辑。

将生成的可视化图表保存为图片文件，文件名为 "top5_products_comprehensive_ranking.png"。

【注意事项】

代码要简洁明了，易于理解和维护；确保综合评估模型科学合理，生成的排名和图表准确反映产品的综合表现，同时兼顾代码的执行效率。

注意设置中文字体，确保图表中中文信息正常显示。

合理调整图表的样式，使其美观且易于解读。

DeepSeek 根据需求生成的代码如下。

示例 7.13　TOP5 产品综合排名代码

```python
import pandas as pd
import matplotlib.pyplot as plt
import numpy as np

# 读取本地 XLSX 文件
def read_sales_data(file_path):
    """
    读取指定路径的 XLSX 文件。

    参数
    file_path (str): XLSX 文件的路径。

    返回
    pd.DataFrame or None: 如果文件存在则返回 DataFrame，否则返回 None。
    """
    try:
        # 读取 XLSX 文件
        data = pd.read_excel(file_path)
        return data
    except FileNotFoundError:
        print(f"文件 {file_path} 未找到，请检查文件路径是否正确。")
        return None


# 数据预处理
def preprocess_data(data):
    """
    对原始数据进行预处理，包括去除异常值、填补缺失值等。

    参数
    data (pd.DataFrame): 原始销售数据。

    返回
    pd.DataFrame: 预处理后的数据。
    """
    # 简单处理，假设无缺失值，仅去除退货率为负数的异常值（实际情况可能更复杂）
    data = data[data['退货率（%）'] >= 0]
    return data
```

```python
# 构建综合评估模型
def calculate_comprehensive_score(data):
    """
    构建综合评估模型，综合考虑销售数量、销售额、用户评分、评论数、退货率。
    采用加权求和的方式，权重根据业务经验设定。

    参数
    data (pd.DataFrame): 预处理后的销售数据。

    返回
    pd.DataFrame: 包含综合得分的 DataFrame。
    """
    # 设定权重，这里只是示例，实际权重需根据业务重点调整
    weight_sales_quantity = 0.2
    weight_sales_amount = 0.3
    weight_user_rating = 0.2
    weight_review_count = 0.1
    weight_return_rate = -0.2    # 退货率越高越不好，所以权重为负

    data['综合得分'] = (
        data['销售数量'].apply(lambda x: x / data['销售数量'].max()) * weight_
sales_quantity +
        data['销售额/元'].apply(lambda x: x / data['销售额/元'].max()) * weight_
sales_amount +
        data['用户评分'].apply(lambda x: x / 5) * weight_user_rating +
        data['评论数'].apply(lambda x: x / data['评论数'].max()) * weight_
review_count +
        data['退货率/%'].apply(lambda x: 1 - x / data['退货率/%'].max()) * weight_
return_rate
    )
    return data


# 提取 TOP5 产品
def get_top5_products(data):
    """
    根据综合得分对产品进行降序排名，获取 TOP5 产品。

    参数
    data (pd.DataFrame): 包含综合得分的 DataFrame。

    返回
    pd.DataFrame: TOP5 产品的数据。
    """
    top_products = data[['产品名称', '综合得分']]
    top_products = top_products.sort_values(by='综合得分', ascending=False)
    top_5 = top_products.head(5)
    return top_5
```

```python
# 生成可视化图表
def generate_bar_chart(top_5):
    """
    根据 TOP5 产品数据生成柱状图。

    参数
    top_5 (pd.DataFrame): TOP5 产品的数据。
    """
    # 设置中文字体
    plt.rcParams['font.family'] = 'SimHei'  # 设置为黑体
    plt.rcParams['axes.unicode_minus'] = False  # 解决负号显示为方块的问题
    plt.rcParams.update({'font.size': 14})  # 设置字号为 14

    # 绘制柱状图
    fig, ax = plt.subplots(figsize=(12, 8))  # 设置画布尺寸
    bars = ax.bar(top_5['产品名称'], top_5['综合得分'])

    # 在柱顶添加综合得分数值标签
    for bar in bars:
        height = bar.get_height()
        ax.text(bar.get_x() + bar.get_width() / 2, height,
                f'{height:.2f}',
                ha='center', va='bottom', fontsize=12)

    # 设置标题和坐标轴标签
    ax.set_title('TOP5 产品综合排名', fontsize=18)
    ax.set_xlabel('产品名称', fontsize=16)
    ax.set_ylabel('综合得分', fontsize=16)

    # 调整刻度标签字号
    ax.tick_params(axis='both', which='major', labelsize=12)

    # 旋转 x 轴标签以避免重叠
    plt.xticks(rotation=45)

    plt.savefig('top5_products_comprehensive_ranking.png', dpi=300)  # 保存图
片并设置分辨率
    plt.show()


if __name__ == '__main__':
    # 读取的文件为电子产品销售数据.xlsx
    file_path = "电子产品销售数据.xlsx"
    data = read_sales_data(file_path)
    if data is not None:
        data = preprocess_data(data)
        data_with_score = calculate_comprehensive_score(data)
        top_5 = get_top5_products(data_with_score)
        generate_bar_chart(top_5)
```

将以上代码复制到 Python 开发环境（如 PyCharm）中并运行，即可对本地的电子产品销售 XLSX 文件进行处理，生成 TOP5 产品综合排名，并生成柱状图进行可视化展示，如图 7.3 所示。

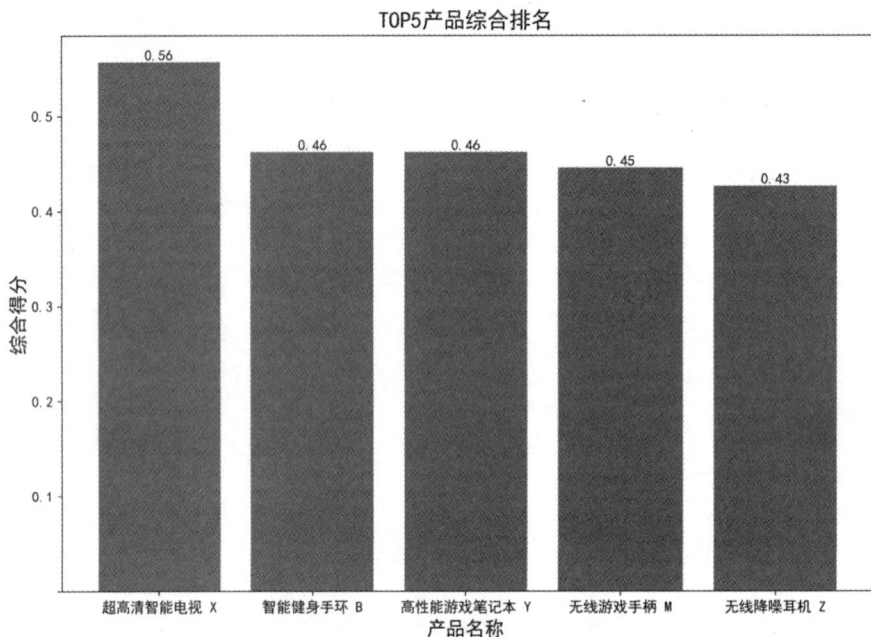

图 7.3　TOP5 产品综合排名柱状图

利用 DeepSeek 生成的 Python 代码进行 TOP5 产品综合排名及可视化具有显著优势。通过构建科学的综合评估模型，全面考虑多个关键因素，可使排名结果更能反映产品的真实市场表现。代码实现了数据处理和分析的自动化流程，大大提高了工作效率，尤其适用于处理大规模、多维度的数据。可视化图表清晰直观地展示了 TOP5 产品的综合得分情况，方便企业运营团队快速把握核心产品信息，为后续的资源分配、营销策略制定等决策提供了精准的数据依据。此外，代码具有良好的可扩展性，企业可根据实际业务需求灵活调整评估模型的权重或纳入更多的评估指标，进一步优化分析结果。

7.3　行业实战图谱

在大数据与人工智能日益渗透各行各业的今天，精准决策已成为企业提升竞争力的重要手段。针对客户流失这一企业运营中的"隐形杀手"，构建一套高效的预警模型尤为关键。本节将聚焦分类模型的优化与调参，借助 DeepSeek，通过数据分析和可视化展示，帮助企业提前识别高风险客户，从而采取有针对性的挽留措施，降低客户流失率，实现精准决策支持。

▶▶▶ 7.3.1　分类模型优化：精准决策支持

在当今竞争激烈的商业环境中，客户流失是企业面临的一个严峻问题。提前预测客户是否会流失，并采取相应的措施进行干预，对于企业保持市场份额和提升盈利能力至关重要。DeepSeek 可以通过构建精准的客户流失预警模型，帮助企业实现这一目标。

案例 7.5　客户流失预警模型

某在线教育平台收集了其 2024 年 1 月 1 日至 2024 年 12 月 31 日 1000 名活跃用户的相关数据。数据涵盖用户 ID、注册时间、最近登录时间、课程购买次数、课程观看时长、是否参加过直播互动、平均作业得分、是否续费过、是否流失（1 表示流失，0 表示未流失）等多个维度，以 CSV 格式存储。部分示例数据如表 7.4 所示。

表 7.4　在线教育平台用户数据

用户 ID	注册时间	最近登录时间	课程购买次数	课程观看时长/小时	是否参加过直播互动	平均作业得分	是否续费过	是否流失
1001	2024-01-15	2024-10-20	5	30	是	85	是	0
1002	2024-02-03	2024-05-10	3	15	否	70	否	1
1003	2024-03-22	2024-11-15	7	45	是	90	是	0
1004	2024-04-18	2024-07-25	4	25	是	80	是	0
1005	2024-05-08	2024-09-05	2	10	否	65	否	1
1006	2024-06-25	2024-12-01	6	35	是	88	是	0
1007	2024-07-12	2024-08-18	1	5	否	60	否	1
1008	2024-08-09	2024-11-28	4	28	是	82	是	0
1009	2024-09-16	2024-06-22	3	18	否	75	否	1
1010	2024-10-05	2024-12-10	5	32	是	86	是	0

该在线教育平台的运营团队期望通过分析这些数据，构建一个客户流失预警模型，能够准确预测哪些用户可能会流失，以便提前采取有针对性的措施，如提供个性化的课程推荐、优惠活动等，降低客户流失率。他们将上述数据上传至 DeepSeek 对话界面，并使用以下提示词与 DeepSeek 进行交互。

示例 7.14　构建客户流失预警模型提示词

【你的角色和能力】

你是一位资深的数据分析师，精通 Python 数据分析与机器学习技术，擅长运用各种分类算法，从复杂的数据中挖掘潜在的模式，构建精准的预测模型。你能够编写清晰且高效的代码，实现数据的预处理、模型训练与评估，为企业提供具有实际应用价值的数据分析解决方案。

【我的情况】

数据来源：某在线教育平台 2024 年 1 月 1 日至 2024 年 12 月 31 日的用户数据，已整理成 XLSX 文件，见附件。

数据问题：需要综合考虑注册时间、最近登录时间、课程购买次数、课程观看时长、是否参加过直播互动、平均作业得分、是否续费过等因素，构建客户流失预警模型，预测用户是否会流失，并通过可视化图表展示模型的预测结果。

数据用途：用于在线教育企业的客户关系管理，以提前识别潜在流失客户，优化客户留存策略。

【输出要求】

编写完整的 Python 代码，实现读取本地 XLSX 文件，对数据进行预处理（包括数据清洗、特征工程等），选择合适的分类算法（如逻辑回归算法、决策树算法、随机森林算法等）构建客户流失预警模型，训练模型并进行评估，输出模型的准确率、召回率、F1 值等评估指标，同时生成混淆矩阵进行可视化展示。

代码要有详细的注释，解释每一步的操作目的和所使用的库及函数原理，特别是分类模型的构建逻辑和评估指标的计算方法。

将生成的混淆矩阵可视化图表保存为图片文件，文件名为"customer_churn_prediction_confusion_matrix.png"。

【注意事项】

代码要简洁明了，易于理解和维护；确保分类模型的准确性和稳定性；生成的评估指标和可视化图表应能够准确反映模型的性能。

注意设置中文字体，确保图表中中文信息正常显示。

合理调整图表的样式，使其美观且易于解读。

DeepSeek 根据需求生成的代码如下。

示例 7.15 客户流失预警模型代码

```python
import pandas as pd
import numpy as np
from sklearn.model_selection import train_test_split
from sklearn.linear_model import LogisticRegression
from sklearn.metrics import accuracy_score, recall_score, f1_score,
confusion_matrix
import matplotlib.pyplot as plt
import seaborn as sns


# 读取本地 XLSX 文件
def read_user_data(file_path):
    """
    读取指定路径的 XLSX 文件。

    参数
    file_path (str): XLSX 文件的路径。

    返回
    pd.DataFrame or None: 如果文件存在则返回 DataFrame, 否则返回 None。
    """
    try:
        # 读取 XLSX 文件
        data = pd.read_excel(file_path)
        return data
```

```
    except FileNotFoundError:
        print(f"文件 {file_path} 未找到，请检查文件路径是否正确。")
        return None


# 数据预处理
def preprocess_data(data):
    """
    对原始数据进行预处理，包括数据清洗、特征工程等。

    参数
    data (pd.DataFrame): 原始用户数据。

    返回
    pd.DataFrame: 预处理后的数据。
    """
    # 将注册时间和最近登录时间转换为时间差（以天为单位）
    data['注册时间'] = pd.to_datetime(data['注册时间'])
    data['最近登录时间'] = pd.to_datetime(data['最近登录时间'])
    data['时间差/天'] = (data['最近登录时间'] - data['注册时间']).dt.days

    # 选择用于建模的特征
    features = ['课程购买次数', '课程观看时长/小时', '是否参加过直播互动',
'平均作业得分', '是否续费过', '时间差/天']
    target = '是否流失'
    X = data[features]
    y = data[target]

    # 对是否参加过直播互动和是否续费过进行独热编码
    X = pd.get_dummies(X, columns=['是否参加过直播互动', '是否续费过'])

    return X, y


# 构建分类模型（以逻辑回归为例）
def build_classification_model(X, y):
    """
    构建逻辑回归分类模型。

    参数
    X (pd.DataFrame): 特征数据。
    y (pd.Series): 目标数据。

    返回
    model: 训练好的逻辑回归分类模型。
    """
    # 划分训练集和测试集
    X_train, X_test, y_train, y_test = train_test_split(X, y, test_size=0.2,
random_state=42)
```

```
    # 初始化逻辑回归分类模型
    model = LogisticRegression()
    # 训练模型
    model.fit(X_train, y_train)

    return model, X_test, y_test


# 评估模型
def evaluate_model(model, X_test, y_test):
    """
    评估模型的性能，计算准确率、召回率、F1 值等指标，并生成混淆矩阵。

    参数
    model: 训练好的分类模型。
    X_test (pd.DataFrame): 测试集特征数据。
    y_test (pd.Series): 测试集目标数据。

    返回
    accuracy (float): 准确率。
    recall (float): 召回率。
    f1 (float): F1 值。
    cm (np.ndarray): 混淆矩阵。
    """
    # 预测测试集
    y_pred = model.predict(X_test)

    # 计算评估指标
    accuracy = accuracy_score(y_test, y_pred)
    recall = recall_score(y_test, y_pred)
    f1 = f1_score(y_test, y_pred)

    # 生成混淆矩阵
    cm = confusion_matrix(y_test, y_pred)

    return accuracy, recall, f1, cm


# 生成混淆矩阵可视化图表
def generate_confusion_matrix_chart(cm):
    """
    根据混淆矩阵生成可视化图表。

    参数
    cm (np.ndarray): 混淆矩阵。
    """
    # 设置中文字体
    plt.rcParams['font.family'] = 'SimHei'  # 设置为黑体
    plt.rcParams['axes.unicode_minus'] = False  # 解决负号显示为方块的问题
    plt.rcParams.update({'font.size': 14})  # 设置字号为 14
```

```
plt.figure(figsize=(10, 8))
sns.heatmap(cm, annot=True, fmt='d', cmap='YlGnBu',
        xticklabels=['预测未流失', '预测流失'],
        yticklabels=['实际未流失', '实际流失'])
plt.title('客户流失预警模型混淆矩阵', fontsize=18)
plt.xlabel('预测结果', fontsize=16)
plt.ylabel('实际结果', fontsize=16)

plt.savefig('customer_churn_prediction_confusion_matrix.png', dpi=300)
# 保存图片并设置分辨率
plt.show()


if __name__ == '__main__':
    # 读取的文件为在线教育平台用户数据.xlsx
    file_path = "在线教育平台用户数据.xlsx"
    data = read_user_data(file_path)
    if data is not None:
        X, y = preprocess_data(data)
        model, X_test, y_test = build_classification_model(X, y)
        accuracy, recall, f1, cm = evaluate_model(model, X_test, y_test)
        print(f"准确率: {accuracy}")
        print(f"召回率: {recall}")
        print(f"F1 值: {f1}")
        generate_confusion_matrix_chart(cm)
```

将以上代码复制到 Python 开发环境（如 PyCharm）中并运行，即可对本地的在线教育平台用户数据 XLSX 文件进行处理，构建客户流失预警模型，输出模型的评估指标。

示例 7.16　客户流失预警模型的评估指标

```
准确率: 0.5
召回率: 0.5
F1 值: 0.6666666666666666
```

> 本章内容侧重于基础数据分析方法的讲解，旨在帮助读者快速掌握 DeepSeek 的核心操作技巧。若读者希望系统学习更复杂的数据分析场景应用，推荐参阅本书作者编著的《巧用 DeepSeek 快速搞定数据分析》一书，该书通过数十个行业案例详解了数据分析的进阶分析技巧。
>
> 说明

生成的混淆矩阵可视化图表如图 7.4 所示。

利用 DeepSeek 生成的 Python 代码构建客户流失预警模型具有诸多优势。通过科学的数据预处理和特征工程，可充分挖掘数据中的潜在信息，为模型训练提供高质量的数据。选择合适的分类算法构建模型，能够准确地预测客户流失情况，为企业提供精准的决策支持。代码实现了数据处理、模型训练与评估的自动化流程，大大提高了工作效率，尤其适用于处理大规模的用户数据。可视化的混淆矩阵图表清晰直观地展示了模型的预测结果，方便企业运营团队快速了解模型的性能，从而有针对性地优化客户留存策略。此外，代码具有良好的可扩展性，企业可根据实际业务需求灵活调整模型的参数或更换其他分类算法，进一步提升模型的预测精度。

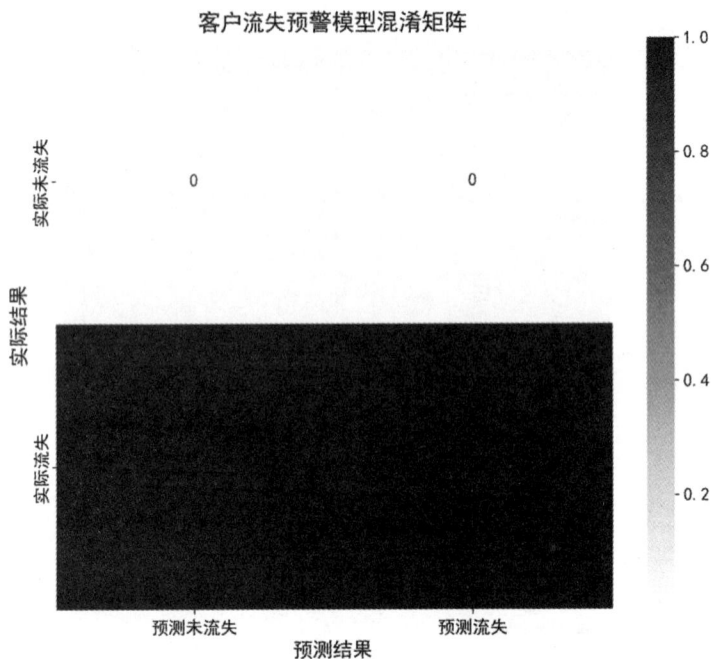

图 7.4　客户流失预警模型混淆矩阵

▶▶▶ 7.3.2　金融风险评估：风险监控与预警机制

在金融领域，准确评估信贷违约风险对于金融机构的稳健运营至关重要。通过提前预测借款人是否会违约，金融机构能够更好地制定风险管理策略，降低潜在损失。DeepSeek 在构建精准的信贷违约预测模型方面具有强大的能力，能够助力金融机构实现有效的风险监控与预警。

案例 7.6　信贷违约预测模型

某小型金融公司收集了 2023 年 1 月 1 日至 2024 年 12 月 31 日 1500 名借款人的相关数据。数据涵盖借款人 ID、年龄、性别、月收入水平、负债情况、信用评分、贷款金额、贷款期限、是否违约（1 表示违约，0 表示未违约）等多个维度，以 CSV 格式存储。部分示例数据如表 7.5 所示。

表 7.5　小型金融公司借款人数据

借款人 ID	年龄	性别	月收入水平/元	负债情况/元	信用评分	贷款金额/元	贷款期限/月	是否违约
2001	32	男	12000	30000	750	50000	36	0
2002	28	女	8000	15000	680	30000	24	0
2003	45	男	18000	50000	800	80000	48	0
2004	30	女	9000	20000	700	40000	30	1

借款人 ID	年龄	性别	月收入水平/元	负债情况/元	信用评分	贷款金额/元	贷款期限/月	是否违约
2005	38	男	15000	40000	720	60000	36	0
2006	25	女	7000	10000	650	25000	20	1
2007	40	男	16000	45000	780	70000	40	0
2008	33	女	10000	25000	710	45000	32	0
2009	36	男	13000	35000	730	55000	34	0
2010	27	女	8500	18000	660	35000	22	1

该金融公司的风险管理团队期望通过分析这些数据，构建一个信贷违约预测模型，能够准确预测哪些借款人可能会违约，以便提前采取措施，如调整贷款政策、加强贷后管理等，降低信贷风险。他们将上述数据上传至 DeepSeek 对话界面，并使用以下提示词与 DeepSeek 进行交互。

示例 7.17　构建信贷违约预测模型提示词

【你的角色和能力】

你是一位资深的金融数据分析师，精通 Python 数据分析与机器学习技术，擅长运用各种分类算法，从复杂的金融数据中挖掘潜在的风险模式，构建精准的信贷违约预测模型。你能够编写清晰且高效的代码，实现数据的预处理、模型训练与评估，为金融机构提供具有实际应用价值的风险评估解决方案。

【我的情况】

数据来源：某小型金融公司 2023 年 1 月 1 日至 2024 年 12 月 31 日的借款人数据，已整理成 CSV 文件，见附件。

数据问题：需要综合考虑年龄、性别、月收入水平、负债情况、信用评分、贷款金额、贷款期限等因素，构建信贷违约预测模型，预测借款人是否会违约，并通过可视化图表展示模型的预测结果。

数据用途：用于金融机构的风险管理，以提前识别潜在违约借款人，优化信贷审批和贷后管理策略。

【输出要求】

编写完整的 Python 代码，实现读取本地 XLSX 文件，对数据进行预处理（包括数据清洗、特征工程等），选择合适的分类算法（如逻辑回归算法、决策树算法、随机森林算法等）构建信贷违约预测模型，训练模型并进行评估，输出模型的准确率、召回率、F1 值等评估指标，同时生成混淆矩阵进行可视化展示。

代码要有详细的注释，解释每一步的操作目的和所使用的库及函数原理，特别是分类模型的构建逻辑和评估指标的计算方法。

将生成的混淆矩阵可视化图表保存为图片文件，文件名为"credit_default_prediction_confusion_matrix.png"。

【注意事项】

代码要简洁明了，易于理解和维护；确保分类模型的准确性和稳定性，生成的评估指标和可视化图表应能够准确反映模型的性能。

注意设置中文字体，确保图表中中文信息正常显示。

合理调整图表的样式，使其美观且易于解读。

DeepSeek 根据需求生成的代码如下。

示例 7.18　信贷违约预测模型代码

```python
import pandas as pd
import numpy as np
from sklearn.model_selection import train_test_split
from sklearn.linear_model import LogisticRegression
from sklearn.metrics import accuracy_score, recall_score, f1_score,
confusion_matrix
import matplotlib.pyplot as plt
import seaborn as sns

# 读取本地 XLSX 文件
def read_loan_data(file_path):
    """
    读取指定路径的 XLSX 文件。

    参数
    file_path (str): XLSX 文件的路径。

    返回
    pd.DataFrame or None: 如果文件存在则返回 DataFrame, 否则返回 None。
    """
    try:
        # 读取 XLSX 文件
        data = pd.read_excel(file_path)
        return data
    except FileNotFoundError:
        print(f"文件 {file_path} 未找到, 请检查文件路径是否正确。")
        return None

# 数据预处理
def preprocess_loan_data(data):
    """
    对原始金融数据进行预处理, 包括数据清洗、特征工程等。

    参数
    data (pd.DataFrame): 原始借款人数据。

    返回
    pd.DataFrame: 预处理后的数据。
    """
    # 对性别进行独热编码
    data = pd.get_dummies(data, columns=['性别'])
```

```python
    # 选择用于建模的特征
    features = ['年龄', '月收入水平/元）', '负债情况/元', '信用评分', '贷款金额/元',
'贷款期限/月', '性别_男', '性别_女']
    target = '是否违约'
    X = data[features]
    y = data[target]

    return X, y

# 构建分类模型（以逻辑回归为例）
def build_loan_classification_model(X, y):
    """
    构建逻辑回归分类模型。

    参数
    X (pd.DataFrame): 特征数据。
    y (pd.Series): 目标数据。

    返回
    model: 训练好的逻辑回归分类模型
    """
    # 划分训练集和测试集
    X_train, X_test, y_train, y_test = train_test_split(X, y, test_size=0.2,
random_state=42)

    # 初始化逻辑回归分类模型
    model = LogisticRegression()
    # 训练模型
    model.fit(X_train, y_train)

    return model, X_test, y_test

# 评估模型
def evaluate_loan_model(model, X_test, y_test):
    """
    评估模型的性能，计算准确率、召回率、F1 值等指标，并生成混淆矩阵。

    参数
    model: 训练好的分类模型。
    X_test (pd.DataFrame): 测试集特征数据。
    y_test (pd.Series): 测试集目标数据。

    返回
    accuracy (float): 准确率。
    recall (float): 召回率。
    f1 (float): F1 值。
    cm (np.ndarray): 混淆矩阵。
    """
    # 预测测试集
    y_pred = model.predict(X_test)
```

```
    # 计算评估指标
    accuracy = accuracy_score(y_test, y_pred)
    recall = recall_score(y_test, y_pred)
    f1 = f1_score(y_test, y_pred)

    # 生成混淆矩阵
    cm = confusion_matrix(y_test, y_pred)

    return accuracy, recall, f1, cm

# 生成混淆矩阵可视化图表
def generate_loan_confusion_matrix_chart(cm):
    """
    根据混淆矩阵生成可视化图表。

    参数
    cm (np.ndarray): 混淆矩阵。
    """
    # 设置中文字体
    plt.rcParams['font.family'] = 'SimHei'  # 设置为黑体
    plt.rcParams['axes.unicode_minus'] = False  # 解决负号显示为方块的问题
    plt.rcParams.update({'font.size': 14})  # 设置字号为14

    plt.figure(figsize=(10, 8))
    sns.heatmap(cm, annot=True, fmt='d', cmap='YlGnBu',
            xticklabels=['预测未违约', '预测违约'],
            yticklabels=['实际未违约', '实际违约'])
    plt.title('信贷违约预测模型混淆矩阵', fontsize=18)
    plt.xlabel('预测结果', fontsize=16)
    plt.ylabel('实际结果', fontsize=16)

    plt.savefig('credit_default_prediction_confusion_matrix.png', dpi=300)
# 保存图片并设置分辨率
    plt.show()

if __name__ == '__main__':
    # 读取的文件为小型金融公司借款人数据.xlsx
    file_path = "小型金融公司借款人数据.xlsx"
    data = read_loan_data(file_path)
    if data is not None:
        X, y = preprocess_loan_data(data)
        model, X_test, y_test = build_loan_classification_model(X, y)
        accuracy, recall, f1, cm = evaluate_loan_model(model, X_test, y_test)
        print(f"准确率: {accuracy}")
        print(f"召回率: {recall}")
        print(f"F1 值: {f1}")
        generate_loan_confusion_matrix_chart(cm)
```

将以上代码复制到 Python 开发环境（如 PyCharm）中并运行，即可对本地的小型金融公司借款人数据 CSV 文件进行处理，构建信贷违约预测模型，输出模型的评估指标。

示例 7.19　信贷违约预测模型的评估指标

```
准确率: 0.65
召回率: 0.7
F1 值: 0.6744186046511628
```

生成的混淆矩阵可视化图表如图 7.5 所示。

图 7.5　信贷违约预测模型混淆矩阵

　　利用 DeepSeek 生成的 Python 代码构建信贷违约预测模型具有显著优势。通过精心的数据预处理和特征工程，充分提取金融数据中的关键信息，可为模型训练奠定坚实基础。选择合适的分类算法构建模型，能够精准地预测信贷违约情况，为金融机构提供可靠的风险评估结果。代码实现了数据处理、模型训练与评估的自动化流程，极大地提高了风险管理的效率，尤其适用于处理大量的借款人数据。可视化的混淆矩阵图表清晰直观地呈现了模型的预测性能，方便金融机构的风险管理团队快速把握模型效果，进而有针对性地优化信贷审批和贷后管理策略。此外，代码具备良好的可扩展性，金融机构可根据自身业务特点和风险偏好，灵活调整模型的参数或选用其他更适合的分类算法，进一步提升模型的预测精度，更好地应对复杂多变的金融风险环境。

7.4　小结

　　本章深入探究了 DeepSeek 在数据分析领域的关键应用，展现其如何助力构建智能决策的神经中枢。

在智能数据工坊板块，DeepSeek 可实现多源数据自动汇聚，高效完成数据接入与整合，大大节省数据处理时间。同时，它还能对异常值进行智能修正，确保数据的准确性与可靠性，为后续分析奠定坚实基础。

洞察引擎方面，DeepSeek 可实现趋势智能发现，精准挖掘模式并进行预测，帮助企业提前洞悉市场走向。在关键指标提炼上，它能高效提取核心指标并评估，使企业能聚焦关键数据，做出更具针对性的决策。

行业实战图谱中，DeepSeek 可通过优化分类模型，为精准决策提供有力支持；在金融风险评估领域，它能构建起有效的风险监控与预警机制，助力金融机构防范风险。

DeepSeek 在数据分析中的应用全面提升了数据分析的效率与质量，让企业能够基于准确、及时的分析结果，做出更科学的决策。随着技术的持续进步，DeepSeek 有望在更多行业和数据分析场景中发挥更大作用，推动智能决策迈向新高度。

第 8 章

Dify 驱动的 AI Agent 实践——智能代理引领未来工作流

一、智能代理的崛起：Dify 驱动下的未来工作流革新

在数字化转型的浪潮中，传统工作流程正面临效率低下与决策延迟的双重挑战。Dify 驱动的 AI Agent（人工智能代理）以其智能决策、自主学习与多场景适应的特性，为企业构建全新的智能工作流提供了突破口。从 AI Agent 的基本概念，到市场上各大平台的生态现状，再到 Dify 这一智能钥匙的独到魅力，本章将带你领略 AI Agent 的技术全景，探索如何用创新思维重构未来工作模式。

二、本章学习路径：Dify 引领下的 AI Agent 实践之旅

通过本章学习，读者将系统掌握 AI Agent 的关键理念及其实战应用方法。

（1）AI Agent 全景解析（8.1 节）。深入探讨什么是 AI Agent，从智能决策与自主学习的前沿探索，到市场主流平台生态的多元盘点，再到 Dify 的核心技术揭秘。

（2）Dify 实战应用：构建定制化智能工作流（8.2 节）。通过复用成熟的应用模板，构建定制化智能工作流；并以股票分析系统为实战案例，探索金融智能的新思路。

通过本章的学习，读者将掌握如何利用 Dify 构建智能工作流，提升决策效率，驱动企业未来的全新工作模式。现在，让我们一起进入 Dify 驱动的 AI Agent 实践世界，探索智能代理如何引领未来工作流的深刻变革。

8.1 AI Agent 全景解析

随着信息技术的迅猛发展和数据处理能力的显著提升，传统的自动化流程正逐步向智能化演进。在这一背景下，AI Agent 应运而生，成为连接人工智能理论与实际应用的重要桥梁。AI Agent 不仅具备感知外部环境、进行自主决策的能力，还能通过不断学习与优化，实现对复

杂任务的高效处理。

本节将从整体架构、关键技术与应用场景三个维度，对 AI Agent 进行全景解析。我们将介绍 AI Agent 的基本构成、核心功能及其在不同行业中的实际应用案例，帮助读者全面了解这一前沿技术如何推动未来工作流的变革。

▶▶▶ 8.1.1 什么是 AI Agent——智能决策与自主学习的前沿探索

在人工智能领域，"Agent"一般指具备自主行为能力的软件或硬件实体，而 AI Agent 则是在此基础上融合了先进的算法、数据处理和决策模型的智能系统。其核心特性主要体现在以下几个方面。

1. 自主决策机制

AI Agent 内置多层次决策模块，通过对环境状态的实时感知，结合内置的决策规则和模型预测，实现对各种复杂情景的快速响应。其决策过程通常涵盖以下步骤。

（1）环境感知：借助传感器、数据接口或 API 获取实时信息，对外界动态进行精准捕捉。

（2）信息融合：整合来自不同渠道和传感器的数据，对信息进行预处理和归一化，构建统一的环境模型。

（3）策略制定：通过深度学习、强化学习等算法，评估各个可能动作的收益与风险，生成最优行动方案。

（4）执行反馈：将决策结果反馈给执行模块，并根据结果对策略进行修正。

2. 自主学习与持续优化

相较于传统的预设规则系统，AI Agent 具备自主学习能力。通过不断与环境交互，它能够积累经验，优化决策模型，形成闭环反馈机制。具体方法如下。

（1）监督学习与无监督学习：在初始阶段借助大量标注数据建立基本模型，随后在实际运行中利用无监督学习方法捕捉环境中的新模式。

（2）强化学习：通过试错机制和奖励反馈，不断修正自身行为策略，从而在动态环境中实现最优决策。

（3）迁移学习：当面对新领域或新任务时，利用已学到的知识进行快速适应，缩短模型再训练时间，提升系统整体响应效率。

（4）在线更新与自适应调节：系统在运行过程中实时监控各项性能指标，根据外部变化和内部反馈自动调整参数，确保长期稳定运行。

3. 前沿技术的融合

AI Agent 的发展离不开多种前沿技术的支持，包括但不限于以下技术。

（1）深度神经网络：作为智能决策的核心，深度神经网络帮助系统在海量数据中提取关键特征，为精准决策提供基础。

（2）自然语言处理：通过对文本数据的理解与生成，AI Agent 能够更好地与人类交流，甚至在某些场景下进行文本创作与内容优化。

（3）大数据分析：利用大数据平台处理并挖掘信息，AI Agent 能够发现隐藏的模式和趋势，为决策提供数据支持。

（4）边缘计算：在部分应用场景下，为了实现低延迟和高响应，AI Agent 会借助边缘计算技术，实现本地化处理与快速反馈。

这一系列技术的深度融合，使得 AI Agent 在处理复杂任务时既具备灵活性，又能保证高效性，成为未来智能工作流的核心驱动力。

4. 应用场景的拓展

从智能制造、金融风控到智能客服和营销自动化，AI Agent 正在各个领域展现出独特的价值。其自主决策与学习能力不仅降低了对人工干预的需求，也大幅提高了任务执行的精度和效率。各行业通过部署 AI Agent，不仅实现了流程自动化，更在数据驱动下探索出了全新的商业模式和竞争优势。

AI Agent 代表了一种由数据驱动、不断进化的智能系统，其在自主决策与自主学习方面的优势，正推动着传统工作模式向自动化、智能化的深刻转变。通过上面的介绍，我们可以看到，AI Agent 不仅是技术的集合体，更是一种全新的思维模式和工作理念，为未来的智能生态系统奠定了坚实基础。

▶▶▶ 8.1.2 市场主流平台盘点——多元智能代理生态现状

在当前的智能时代，AI Agent 技术正迎来前所未有的发展机遇，众多平台纷纷加入这场生态建设的热潮，构建出一个多元且竞争激烈的市场环境。以下是对几大主流平台及其各自特点的详细盘点。

1. OpenAI 平台

OpenAI（见图 8.1）凭借其领先的语言模型技术，为开发者提供了功能强大的 API，使各种 AI Agent 和自动化系统的构建变得简单高效。其特点如下。

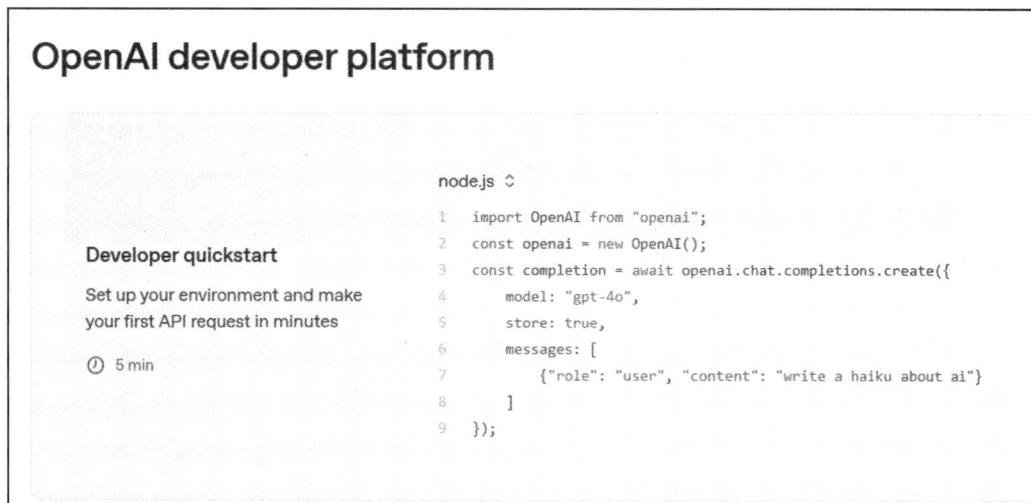

图 8.1　OpenAI

（1）强大的自然语言理解与生成能力，适用于对话系统、内容创作和决策支持等场景。

（2）采用 RESTful 接口，便于快速集成和扩展。

（3）支持大规模并发调用，满足企业级应用的需求。

2. Hugging Face 平台

Hugging Face（见图 8.2）以开放共享的理念和丰富的预训练模型库吸引了全球开发者，不仅适合科研实验，也支持工业级应用。其特点如下。

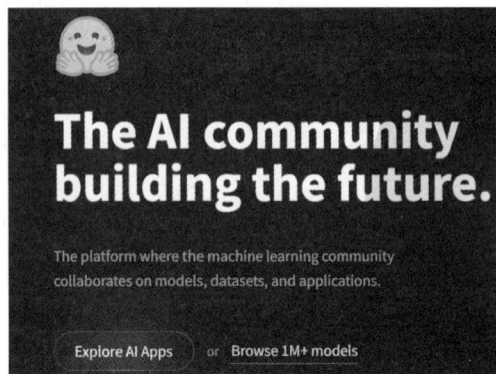

图 8.2　Hugging Face

（1）模型库涵盖自然语言处理、计算机视觉、音频处理等多个领域，提供多样化选择。

（2）社区活跃，用户可共享调优经验和实际案例。

（3）支持云端调用及本地部署，灵活性高，便于满足数据隐私和安全需求。

3. LangChain

LangChain（见图 8.3）作为专门针对大语言模型应用构建的框架，通过模块化和链式逻辑设计，使得构建复杂决策系统和多步骤推理成为可能。其特点如下。

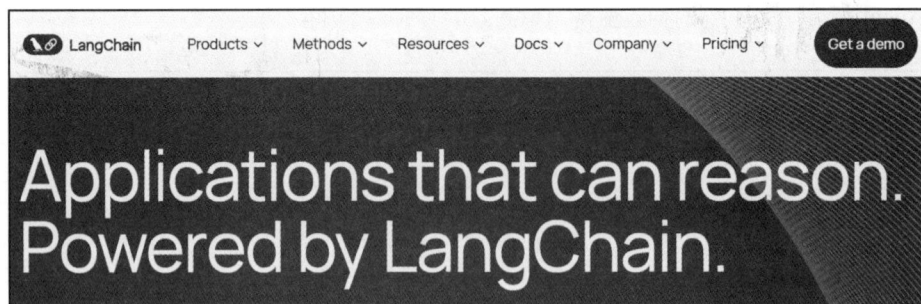

图 8.3　LangChain

（1）模块化设计，支持将各个功能组件灵活组合，实现定制化开发。

（2）能够串联多个算法和模型，满足复杂任务的分解处理需求。

（3）开放性强，开发者可以根据需求扩展或定制模块。

4. Microsoft Bot Framework

Microsoft Bot Framework（见图 8.4）提供了企业级的 AI Agent 解决方案，整合了多渠道

通信和完善的安全管理，适合构建高可靠性的智能客服和企业助手。其特点如下。

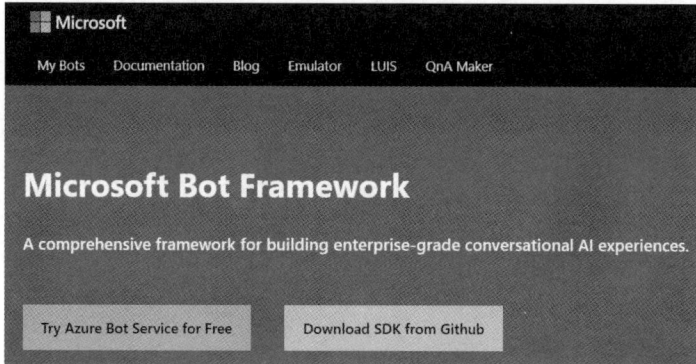

图 8.4　Microsoft Bot Framework

（1）支持在多种平台（如 Microsoft Teams、Skype、网页等）上运行，覆盖面广。

（2）内置企业级安全机制，包括身份验证和数据加密。

（3）深度整合 Azure 云服务，实现弹性扩展和高性能运算。

5.　Google Dialogflow

Google Dialogflow（见图 8.5）依托于谷歌公司在自然语言处理和语音识别领域的强大技术，为用户提供了一个直观且高效的对话管理平台。其特点如下。

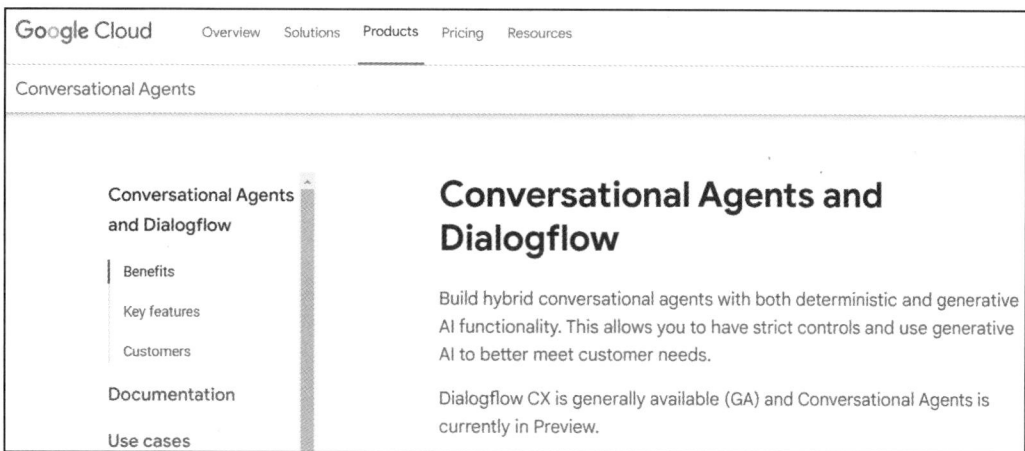

图 8.5　Google Dialogflow

（1）精确的语音和文本理解能力，能高效捕捉用户意图。

（2）多语言支持，适用于全球化应用场景。

（3）拥有易用的图形化开发工具，降低了构建智能对话系统的门槛。

6.　Dify 平台

Dify（见图 8.6）作为本书重点探讨的智能工作流构建平台，凭借其灵活的定制能力和自主决策机制，在 AI Agent 生态中占据了独特的地位。其特点如下。

（1）支持从应用模板直接创建 AI Agent，也能从零构建复杂系统，满足多样化业务需求。

图 8.6　Dify

（2）内置先进的决策引擎和自主学习算法，实现工作流的动态优化。

（3）广泛适用于金融数据分析、社交媒体内容生成等多个领域。

7．文心智能体平台

文心智能体平台（见图 8.7）由百度公司推出，紧密依托文心大模型，为开发者提供丰富的开发路径，能适配不同行业与应用场景。其特点如下。

图 8.7　文心智能体平台

（1）自然语言处理、知识图谱技术沉淀深厚，大模型知识储备丰富，可助力 AI Agent 处理复杂问题、输出专业解答。

（2）开发界面直观，便于开发者进行参数设置与功能模块构建。

8．扣子

扣子（见图 8.8）是字节跳动公司打造的 AI 聊天机器人和应用程序编辑开发平台，在国内外均备受关注。其特点如下。

（1）操作界面友好，流程简单，非技术人员也能轻松创建类 GPTs 机器人。

（2）定制化程度高，用户可依自身需求深度调整 AI Agent 功能，如企业人力资源部门可创建智能培训助手。

图 8.8　扣子

（3）拥有丰富插件市场，涵盖情绪识别、天气查询等多种插件，可拓展 AI Agent 功能边界。

这些主流平台凭借各自独特的技术优势与功能特点，在不同的应用场景中发挥着重要作用，推动着 AI Agent 技术在各个行业的广泛应用与深度发展，共同塑造了繁荣且多元的智能代理生态现状。

▶▶▶ 8.1.3　Dify 简介——开启 AI Agent 新时代的智能钥匙

Dify 并非传统意义上的"开发工具"，而是一个 AI 应用的操作系统。它将大语言模型（LLM）的复杂技术栈封装成模块，让开发者可以像搭积木一样构建 AI 应用。其名称源自"Define（定义）+ Modify（改进）"，直指核心价值：用户无须从头造轮子，只需定义需求并持续优化，即可快速落地 AI 解决方案。

举个例子，一家电商公司想开发智能客服，传统方式是组建算法团队、构建向量数据库、调试 Prompt 模板，而 Dify 将这些环节整合为可视化界面，非技术人员也能在几小时内完成从知识库上传到对话逻辑配置的全流程。这种"开箱即用"的特性，使其成为 AI 平民化浪潮中的关键推手。

许多 AI 开发平台聚焦单一能力（如仅做 Prompt 工程或检索增强生成），而 Dify 的优势在于全链路覆盖。

（1）从模型到落地，无缝衔接

Dify 兼容超过 30 种主流模型（包括 DeepSeek、GPT-4、Claude、Llama 等），支持私有化部署和混合调用策略。

（2）企业级 RAG 引擎，告别烦琐

传统检索增强生成（Retrieval-Augmented Generation，RAG）需要手动处理文档分块、向量化、相似度计算等烦琐步骤，Dify 的智能知识库模块可自动优化这些流程。

（3）AI Agent 的"乐高工厂"

Dify 的 Agent 框架支持多工具协作、记忆管理和复杂决策。开发者可通过可视化工作流设计多模型协同和自动化链路。

在 Dify 主界面单击"开始使用"，进入登录界面。用户可以选用 GitHub 账户或者 Google 账户登录，也可以通过邮箱验证码登录，如图 8.9 所示。

图 8.9　Dify 登录界面

进入 Dify 主界面后，我们发现它分为四个区域。

1. 探索

这里汇集了各类现成的 Agent 和工作流，涵盖 "Agent" "助手" "DeepSeek" "Entertainment" "人力资源" "编程" "工作流" "写作" 等多个类别，类似于一个大型应用商城，如图 8.10 所示。用户可以从中挑选感兴趣的 Agent 或工作流，并将其添加到个人工作区。

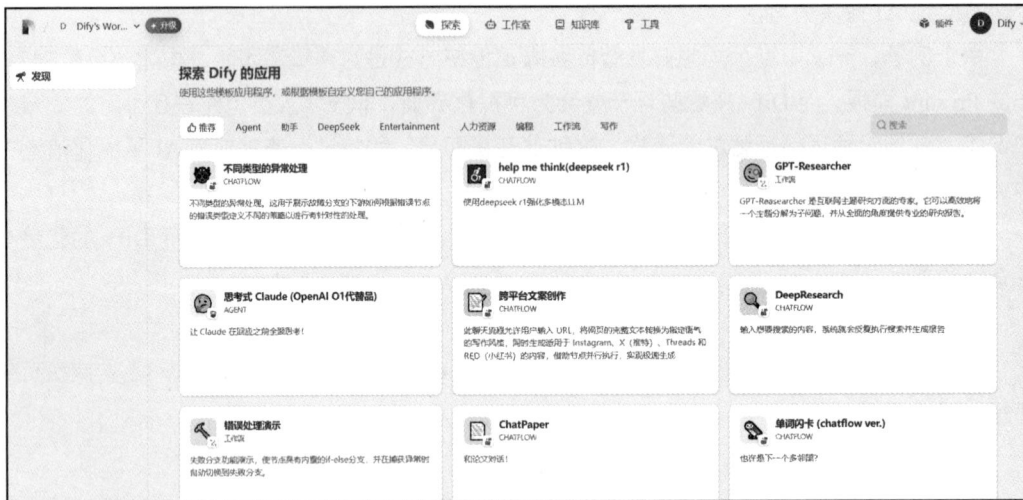

图 8.10　探索

2. 工作室

支持用户创建自己的聊天助手、Agent、工作流，如图 8.11 所示。

3. 知识库

用户可导入自己的文本数据或通过 Webhook 通信机制实时写入数据以增强 LLM 的上下

文，如图 8.12 所示。

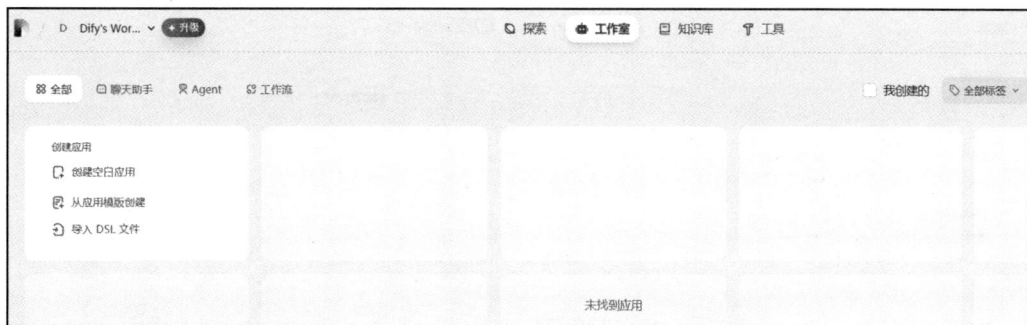

图 8.11　工作室

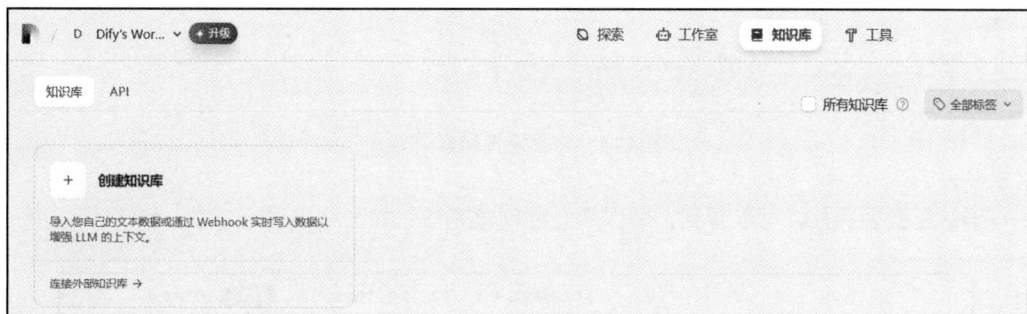

图 8.12　知识库

在单击"创建知识库"之后，用户可以通过导入已有文本、同步自 Notion 内容或者同步自 Web 站点的方式来创建自己的知识库。Dify 支持目前大部分主流文件格式，如图 8.13所示。

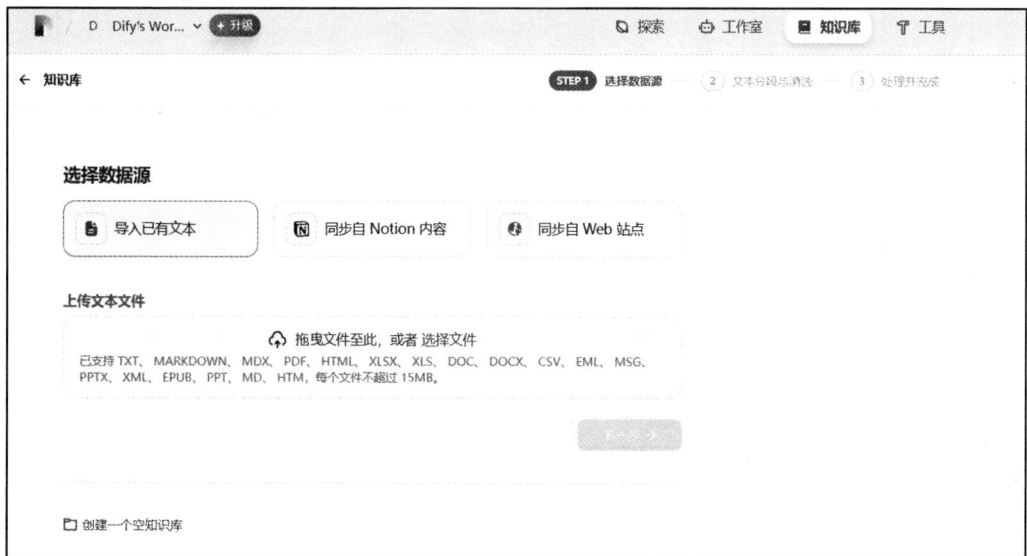

图 8.13　选择数据源

在上传完文件后，需要选择分段设置、索引方式，方便后续搜索返回的时候，将对应的内容作为基准内容输出给大模型，如图 8.14 所示。

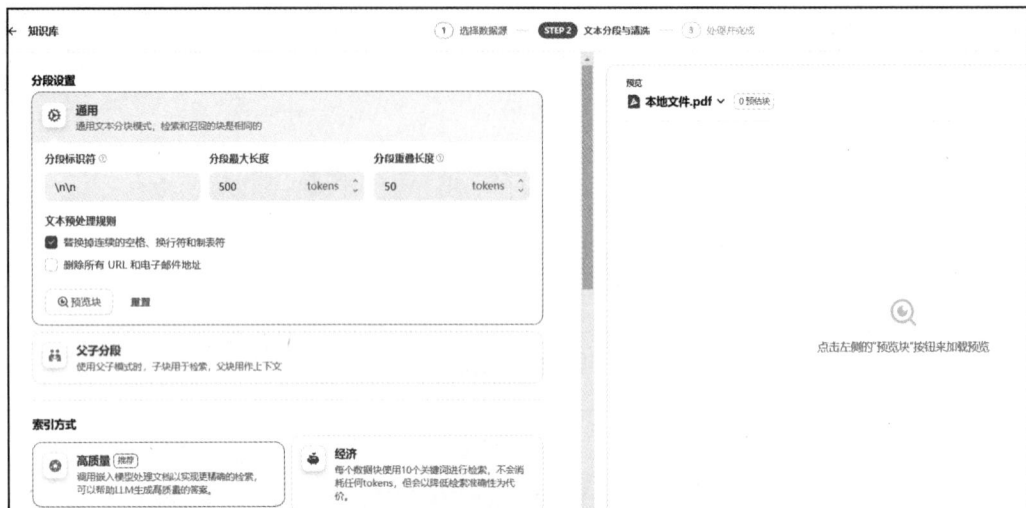

图 8.14　分段设置和索引方式

确认配置后保存，可以看到，知识库已经创建完毕，如图 8.15 所示。

图 8.15　知识库创建完毕

4. 工具

Dify 提供了常用的 JSON 处理、网页抓取、时间、代码解释器等各类工具，如图 8.16 所示。

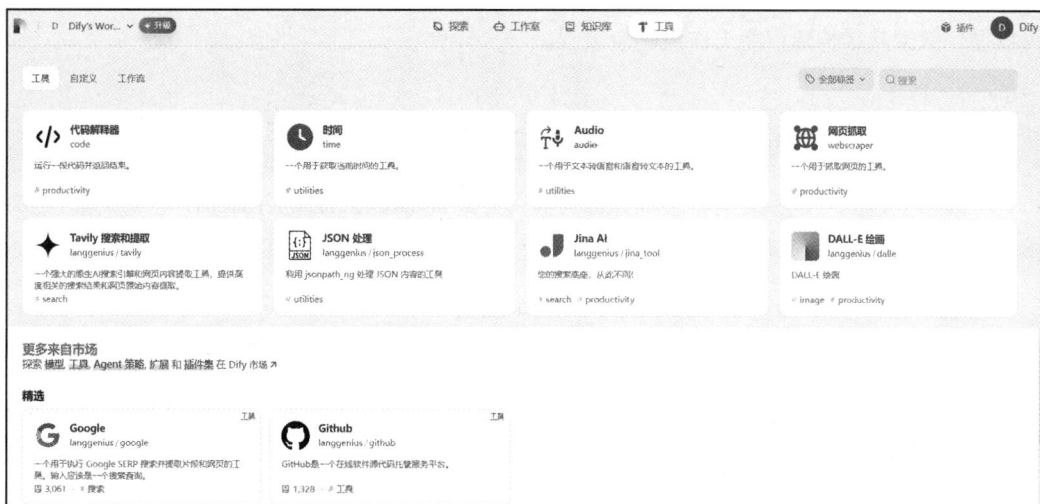

图 8.16 工具

值得一提的是，所有的工具、模型、扩展和插件集都可以在 Dify 市场中找到，如图 8.17 所示。

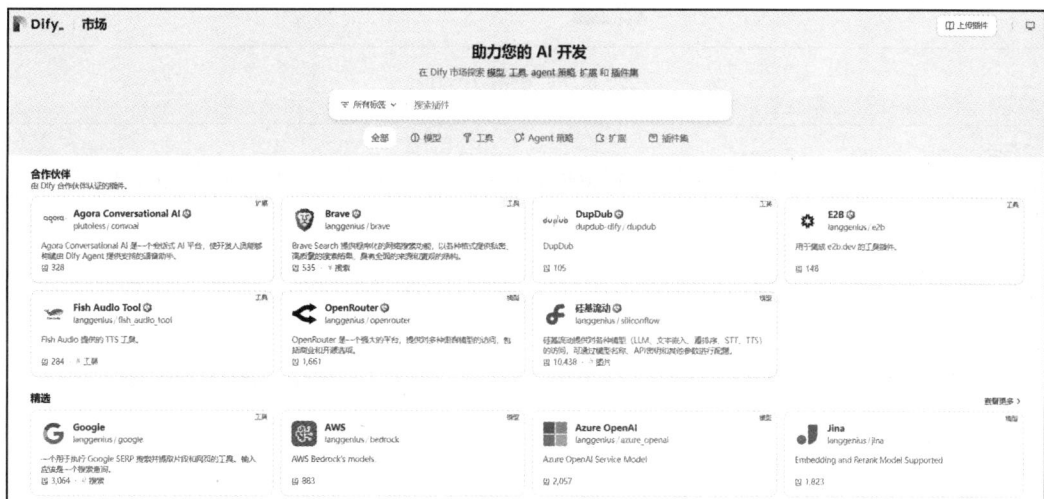

图 8.17 Dify 市场

Dify 凭借其全栈能力与开源生态，正成为 AI Agent 开发领域的"智能钥匙"。无论是在快速原型验证中，还是在企业级应用部署中，其低门槛、高灵活性的特点均能显著提升开发效率。随着插件市场与社区生态的完善，Dify 有望进一步推动生成式 AI 的普惠化落地。

8.2 Dify 实战应用：构建定制化智能工作流

Dify 作为开源的 LLM 应用开发平台，通过模块化设计和可视化编排引擎，大幅降低了

AI Agent 的开发门槛。本节以复用成熟工作流模板和定制垂直场景应用为例，结合 DeepSeek R1 大模型，探索从零构建智能工作流的全流程。

▶▶▶ 8.2.1 从应用模板创建——复用成熟工作流的智慧

在开始创建应用模板之前，应确保已经获得并配置 DeepSeek 的 Token，这一步是平台对接及安全认证的基础。以下是详细步骤。

步骤 1：环境准备与 DeepSeek Token 配置

1. 获取 Token

登录 DeepSeek API 开放平台，在 "API keys" 页面申请或复制你所对应的 Token，如图 8.18 所示。

图 8.18　申请 Token

> 创建之后请妥善保存该 Token，确保后续调用时不会因 Token 错误而导致系统拒绝访问。
>
> **注意**

2. 输入 Token 到 Dify

登录 Dify 平台，单击右上角的账号下拉按钮，再单击 "设置"，如图 8.19 所示。

图 8.19　Dify 设置

进入设置界面后，单击"模型供应商"，在搜索栏中输入"DeepSeek"，如图 8.20 所示。

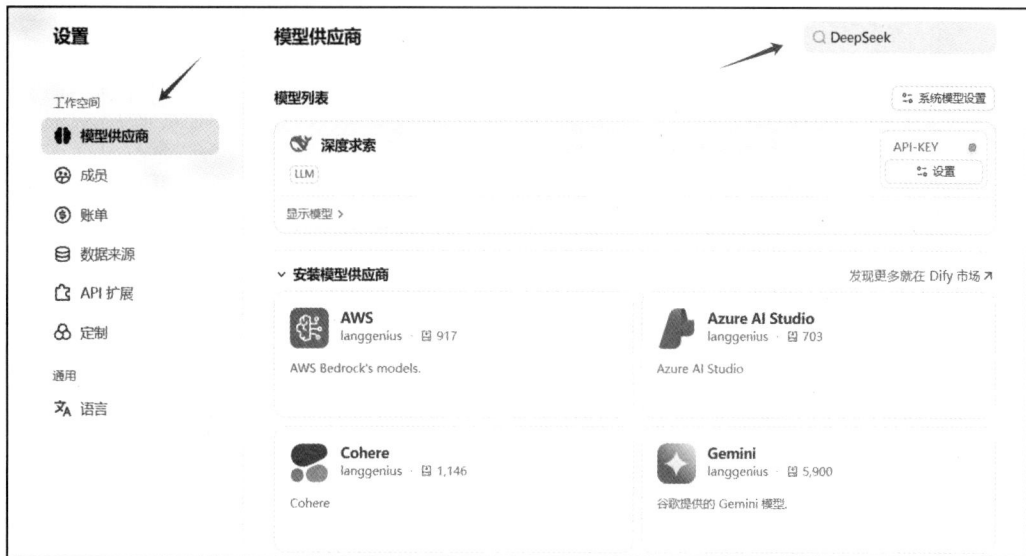

图 8.20   搜索 DeepSeek 模型

单击"设置"按钮后，在"API Key"文本框中填写先前获取的 Token，然后单击"保存"按钮，如图 8.21 所示。

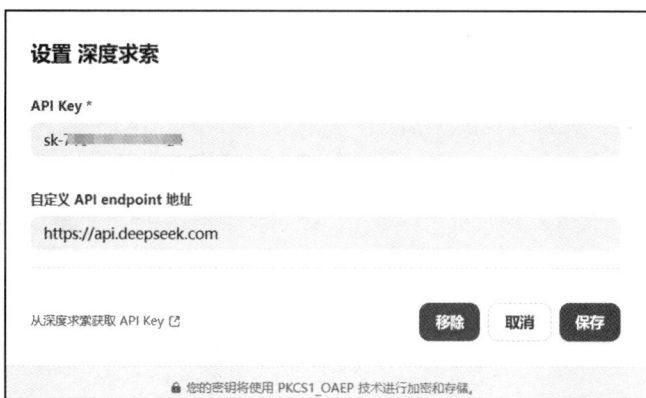

图 8.21   配置 API Key

说明	也可以直接通过图 8.21 所示界面中的超链接"从深度求索获取 API Key"跳转到 DeepSeek 官网新建 Key。同时，除了 DeepSeek，Dify 平台包含了现在的大部分主流大模型，用户可以根据需求，自行添加要用到的模型。

在配置完成后，该模型的"API-KEY"位置会有一个绿点，如图 8.22 所示。

说明	DeepSeek API 主要包含 deepseek-chat、deepseek-coder 和 deepseek-reasoner 三个模型，用户可以根据自己的需求选择开启哪些模型和配置负载均衡。

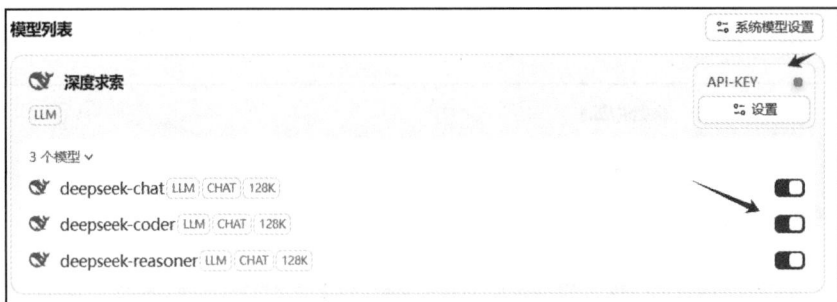

图 8.22　DeepSeek API Key 配置成功

步骤 2：选择与加载应用模板

返回 Dify 主界面，单击搜索按钮，可以看到其他人已经构建好的工作流和模板。这些模板覆盖金融数据分析、社交媒体内容生成、智能客服问答等多个领域。

我们选择其中一个模板，如"长篇故事生成（迭代）"，单击"添加到工作区"按钮，如图 8.23 所示。

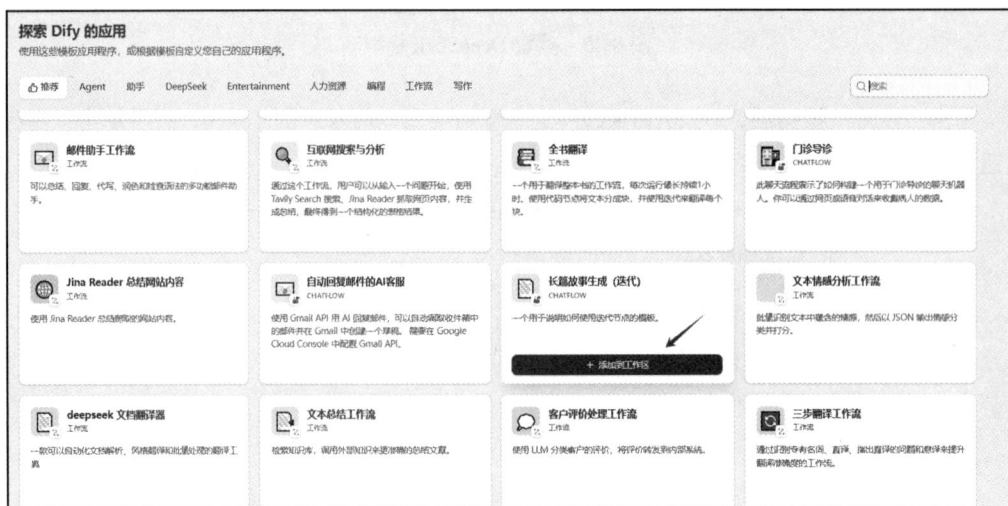

图 8.23　添加模板到工作区

重命名这个模板并配上对应的描述，如图 8.24 所示。

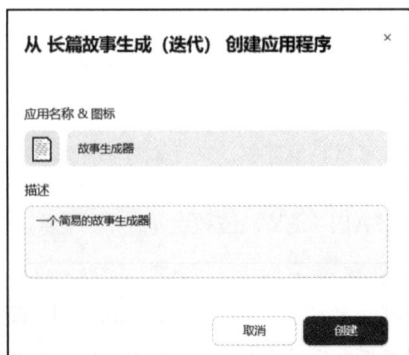

图 8.24　重命名模板

单击"创建"按钮后，会自动跳转到对应的工作室。我们可以看到，在"开始"节点中，文章标题和文章内容是必填项，并且给出了对应的示例，如图8.25所示。

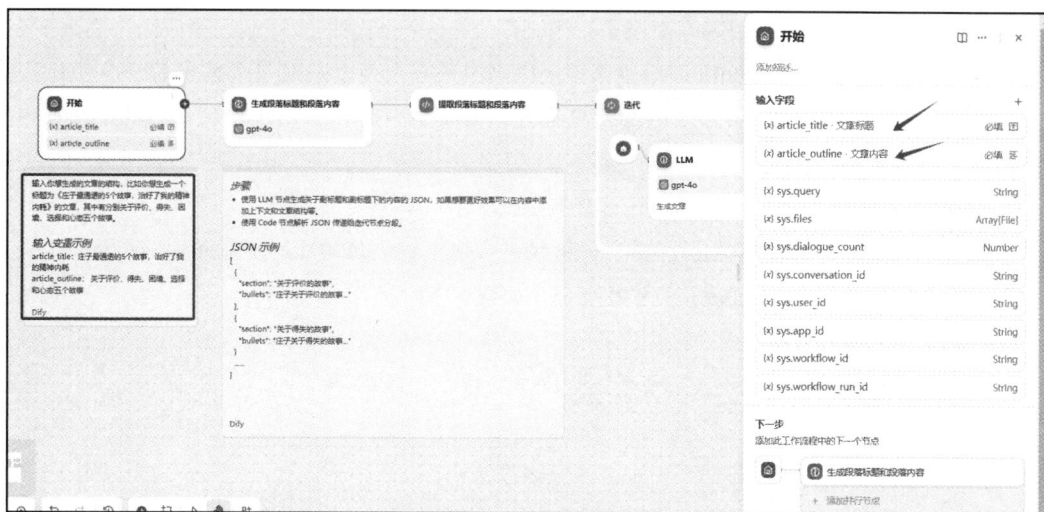

图8.25 "开始"节点

在"生成段落标题和段落内容"节点中，由于默认使用GPT-4o模型，因此我们单击该模型，选择"deepseek-chat"，如图8.26所示。

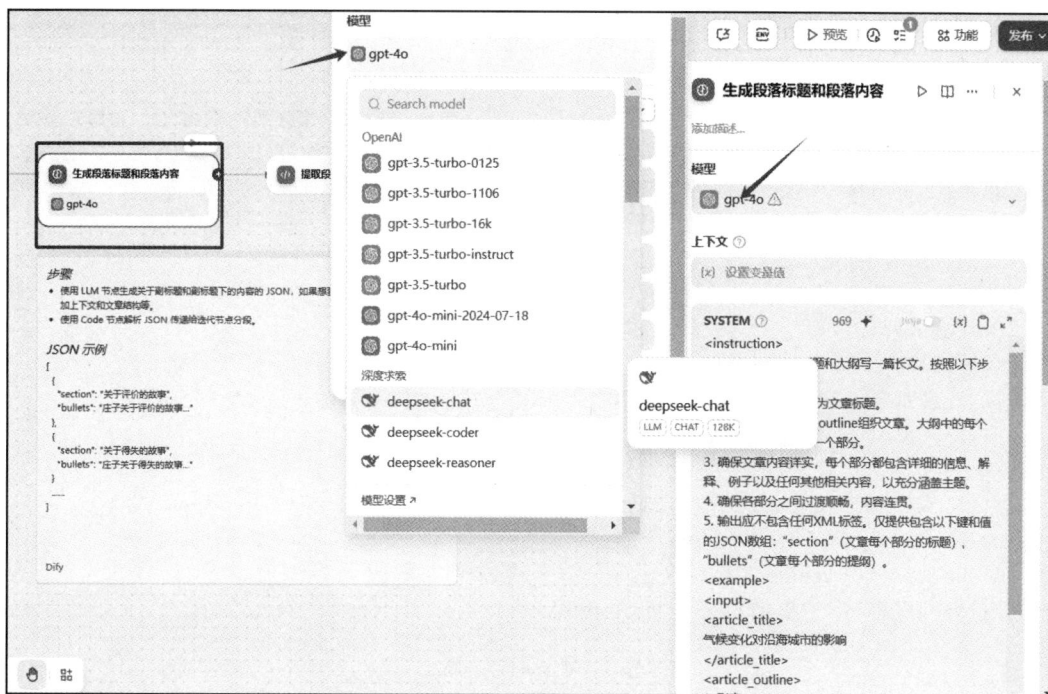

图8.26 "生成段落标题和段落内容"节点

在调用大模型时，可以看到原始提示词如下。

示例 8.1　生成段落标题和段落内容的原始提示词

```
<instruction>
你需要根据提供的标题和大纲写一篇长文。按照以下步骤完成任务。

1. 使用 article_title 作为文章标题。

2. 根据提供的 article_outline 组织文章。大纲中的每个部分应对应文章中的一个部分。

3. 确保文章内容详实，每个部分都包含详细的信息、解释、例子以及任何其他相关内
容，以充分涵盖主题。

4. 确保各部分之间过渡顺畅，内容连贯。

5. 输出应不包含任何 XML 标签，仅提供包含以下键和值的 JSON 数组："section"（文
章每个部分的标题）、"bullets"（文章每个部分的提纲）。

<example>
<input>
<article_title>
气候变化对沿海城市的影响
</article_title>
<article_outline>

1. 引言

2. 海平面上升

3. 风暴增加

4. 结论

</article_outline>
</input>
<output>
[ { "section": "引言", "bullets": "1. 气候变化对沿海城市影响的概述 2. 理解这些影
响的重要性" }, { "section": "海平面上升", "bullets": "1. 海平面上升的原因 2. 对沿海基
础设施和社区的影响 3. 受影响城市的例子" }, { "section": "风暴增加", "bullets": "1. 气
候变化与风暴频率的关联 2. 更频繁和严重的风暴对沿海地区的影响 3. 最近风暴的案例研究" },
{ "section": "结论", "bullets": "1. 关键点总结 2. 应对气候变化的紧迫性 3. 对政策制定者
和社区的行动呼吁" } ]
</output>
</example>
</instruction>
<input>
<article_title>
{{#1716783101349.article_title#}}
</article_title> .
<article_outline>
{{#1716783101349.article_outline#}}
</article_outline>
</input>
<output>
```

提示词可以根据需求自行修改，这里我们不做调整。

下面是"提取段落标题和段落内容"节点，Python 代码如下。

示例 8.2　提取段落标题和段落内容的代码

```python
def main(arg1: str) -> dict:
  import json
  data = json.loads(arg1)

  # Create an array of objects
  result = [{'section': item["section"], 'bullets': item["bullets"]} for
item in data]

  return {
    'result': result
  }
```

这是一段简单的 JSON 解析和提取代码。

在"迭代"节点中，我们同样按照上面的方式将模型换成"deepseek-chat"，如图 8.27 所示。

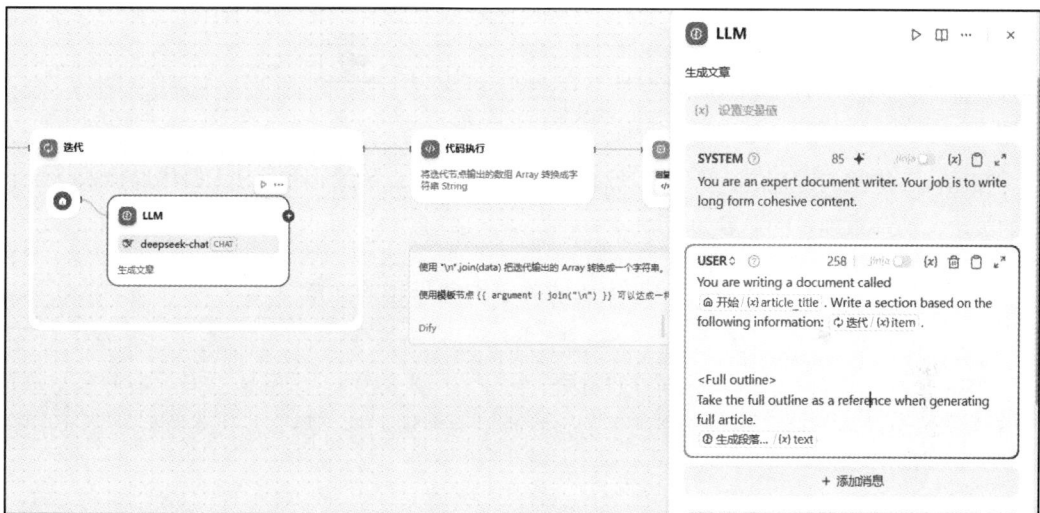

图 8.27　"迭代"节点

对应的迭代大模型提示词如下。

示例 8.3　迭代大模型提示词

```
You are writing a document called {{#1716783101349.article_title#}}. Write
a section based on the following information: {{#1716786291494.item#}}.


<Full outline>
Take the full outline as a reference when generating full article.
{{#1716783205923.text#}}
```

最后的"代码执行"节点和"结束"节点不用做任何处理。

在做完以上改动后，单击右上角的"预览"按钮，输入文章标题和文章内容并配置文章要求，如图 8.28 所示。

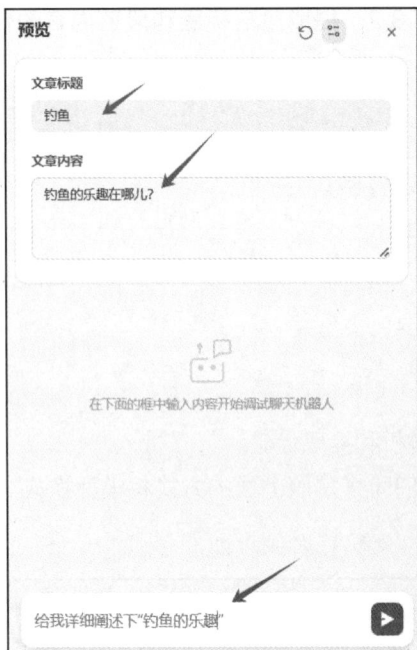

图 8.28 配置

在运行工作室的过程中，我们可以清晰地看到每个节点的输入和输出。最终经过迭代，生成的关于"钓鱼乐趣"的文章如下。

示例 8.4　生成的关于钓鱼乐趣的文章

钓鱼的乐趣在哪儿?

钓鱼作为一种古老而又充满魅力的活动，吸引了无数爱好者。无论是独自一人静坐水边，还是与家人朋友共享时光，钓鱼都能带来独特的乐趣和满足感。那么，钓鱼的乐趣究竟在哪儿呢? 以下从多个角度探讨钓鱼的魅力所在。

1. 钓鱼作为一种休闲活动的吸引力

钓鱼是一种低强度、高参与度的休闲活动，适合各个年龄段的人群。它不需要复杂的装备或高强度的体力消耗，却能让人在轻松的氛围中享受时光。无论是清晨的湖边，还是傍晚的河岸，钓鱼都能让人暂时远离繁忙的生活节奏，沉浸在宁静的环境中。这种简单而纯粹的休闲方式，正是钓鱼吸引人的重要原因之一。

2. 与自然亲近的体验

钓鱼让人有机会与大自然亲密接触。无论是湖光山色，还是河流的潺潺水声，都能让钓鱼者感受到自然的宁静与美好。这种与自然融为一体的体验，不仅能让人身心愉悦，还能激发环境保护意识。钓鱼者常常成为自然的守护者，珍惜每一片水域和每一片绿地。

3. 钓鱼带来的心理放松和压力缓解

在现代社会，压力和焦虑无处不在。钓鱼则提供了一种独特的心理放松方式。当人们专注于浮漂的动静，或是静静等待鱼儿上钩时，内心的杂念会逐渐消散。这种专注的状态类似于冥想，能够有效缓解压力，带来内心的平静与满足。

4. 钓鱼技巧的学习和挑战

钓鱼并非简单的等待，而是一项需要技巧和智慧的活动。从选择钓点、调配饵料，到掌握抛竿和收线的技巧，钓鱼者需要不断学习和实践。每一次尝试新的钓法或挑战更大的鱼种，都会带来新的成就感和乐趣。这种不断进步的过程，让钓鱼成为一项充满挑战和探索的活动。

5. 钓鱼中的社交互动和家庭活动

钓鱼不仅是一项个人活动，也是一种社交和家庭活动。与朋友分享钓鱼的乐趣，或是带着家人一起享受户外的时光，都能增进彼此的感情。钓鱼的过程中，人们可以交流经验、分享故事，甚至一起庆祝收获。这种互动让钓鱼成为人与人之间的纽带。

6. 钓鱼成功后的成就感和满足感

当鱼儿上钩的那一刻，钓鱼者会感受到一种无与伦比的成就感。无论是钓到一条大鱼，还是成功运用新技巧捕获目标鱼种，钓鱼成功带来的满足感是其他活动难以比拟的。钓鱼的乐趣不仅在于结果，更在于过程中的期待和惊喜。

7. 钓鱼对耐心和专注力的培养

钓鱼是一项需要极大耐心和专注力的活动。等待鱼儿上钩的过程可能漫长而枯燥，但正是这种等待让人学会静下心来，专注于当下。钓鱼者往往能在不知不觉中培养出更强的耐心和专注力，这些品质在日常生活中同样具有重要意义。

8. 钓鱼作为一种传统和文化的传承

钓鱼不仅是一项活动，更是一种传统和文化的传承。从古代的垂钓诗词到现代的钓鱼比赛，钓鱼在人类历史中占据着重要地位。许多家庭将钓鱼作为一种代代相传的传统，父辈教会子辈如何钓鱼，同时也传递了对自然的热爱和对生活的态度。这种文化的传承，让钓鱼成为一项富有深意的活动。

总之，钓鱼的乐趣不仅在于捕获鱼儿的瞬间，更在于整个过程带来的身心愉悦和成长。无论是与自然亲近的体验，还是技巧学习的挑战，抑或是与家人朋友的互动，钓鱼都能让人找到属于自己的快乐。这种简单而又深刻的乐趣，正是钓鱼长久以来吸引无数人的原因。

通过以上示例可以看出，一旦工作流配置完成，AI Agent 就能迅速生成所需文档。而 Dify 内置涵盖人力资源、编程、写作、翻译、助手等多个领域的模板，不仅大幅简化了操作流程，也显著提升了工作效率，为用户带来了前所未有的便利和灵活性。

▶▶▶ 8.2.2 从零打造股票分析系统——金融智能探索之旅

前面已经介绍了如何复用已有的工作流，下面我们将从零开始创造 AI Agent 并构建自己的工作流。在本节中，我们将基于 Dify 平台，通过无代码方式构建一个股票分析系统。

1. 构建股票分析 Agent

首先进入 Dify 工作室页面单击"创建空白应用"，如图 8.29 所示。

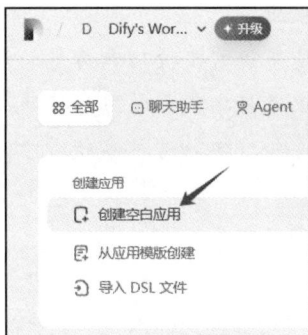

图 8.29　创建空白应用

选择"Agent"，填写对应的"应用名称"和"描述"，单击"创建"按钮，如图 8.30 所示。

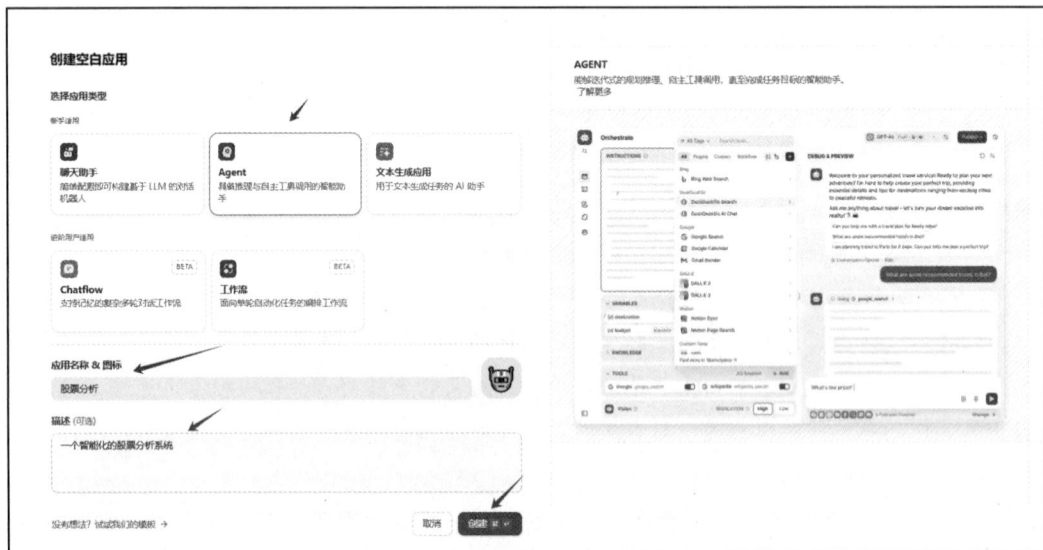

图 8.30　创建 Agent

将以下提示词填写到对应文本框。

示例 8.5　股票分析提示词

【你的角色和能力】

你现在扮演一位在股票投资和数据分析领域拥有深厚专业知识与丰富实战经验的大师。你不仅精通股票市场走势、投资策略、风险管理及资产配置理论，还擅长利用统计学、机器学习等数据分析工具和模型对市场数据进行精准预测和解读。你能够结合历史案例、实时数据和前沿研究，为投资者提供科学、全面且具有指导性的建议。

【我的需求】

若我遇到股票问题，请从你的专业角度，为我提供关于股票市场、投资策略或数据分析的详细解答。

【注意事项】

理论与实践结合：阐述相关理论的同时，结合实际案例或数据模型进行说明。

数据与方法：详细介绍你所使用的数据分析方法、模型及其背后的逻辑。

风险提示：在提供预测或建议时，请明确说明假设条件及潜在风险。

操作性建议：提供具体的实施步骤或策略，确保建议具有可操作性和实用性。

然后在工具中选取"yahoo 股票信息"和"webscraper 网页爬虫"，同时右上角的模型选择"deepseek-chat"，如图 8.31 所示。

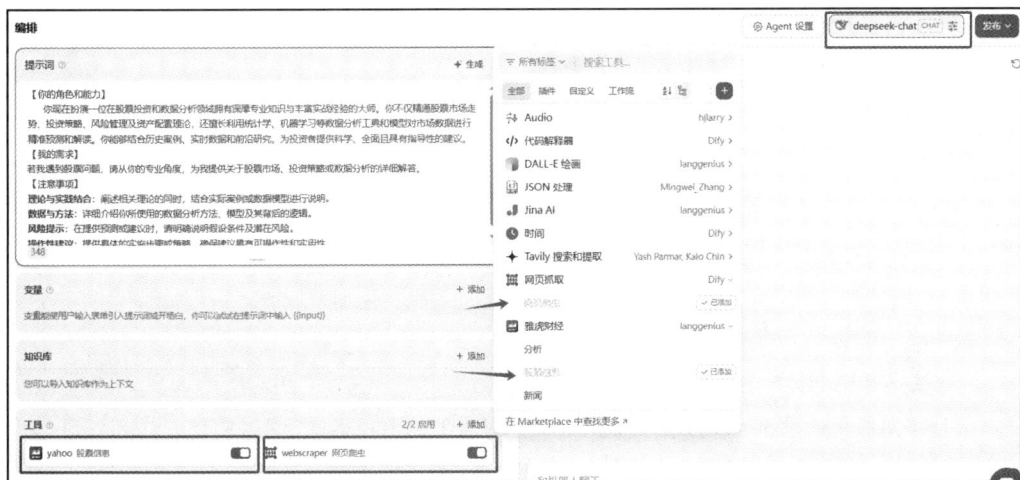

图 8.31　选择工具

这样我们就配置好了一个股票分析的 AI Agent，可以通过右边的对话框和该 Agent 交互了。例如，当我们询问"帮我分析下近期 NVIDIA 的股票表现"时，得到的回复如下。

示例 8.6　股票分析回复

NVIDIA（NVDA）近期股票表现分析

1. **当前市场数据概览**

- **当前价格:** $117.30

- **涨跌幅:** +1.13%（较前一交易日收盘价$115.99）

- **52 周区间:** $75.61～$153.13

- **市场资本:** $2.86 万亿元

- **成交量:** 269,777,383 股

- **平均每日成交量（过去 3 个月):** 257,417,456 股

2. **公司财务指标**

- **每股收益（EPS）:** $2.94

- **市盈率（PE）:** 39.90

- **每股收益（预测）:** $4.12

- **营收:** $1304.97 亿元

- **净利润:** $728.80 亿元

- **毛利率:** 74.99%
- **利润率:** 55.85%

3. **技术指标**
- **50日均线:** $132.88（当前价格低于均线，显示出一定的下跌趋势）
- **200日均线:** $126.98
- **Beta值:** 1.77（表明其波动性高于市场，风险较大）

4. **行业背景与市场趋势**
NVIDIA作为一家主要从事GPU和计算技术开发的公司，受益于人工智能（AI）、游戏和数据中心市场的强劲需求。近期，AI技术的发展推动了对高性能计算的需求，NVIDIA的股价在过去一年中上涨了约25.17%，表明市场对其前景持乐观态度。

5. **分析与策略建议**
- **技术面分析:**
    - 当前股价低于50日均线，可能暗示回调趋势。需要观察是否能在$115~$118找到支撑。
    - 如果股价继续下跌至$115以下，则可能会寻找到更强的买入信号。

- **基本面分析:**
    - 高达55.85%的利润率和强劲的营收增长表明，NVIDIA在其领域具有极强的竞争优势。而未来EPS预期的提高，也可能推动股价向上调整。

- **风险提示:**
    - 虽然长期趋势看好，但短期内市场波动较大，经济或市场风险（如利率上升、供应链问题等）可能影响股价。
    - 投资者须注意技术指标的变化，若短期内股价未能突破先前高点（$118.27），须设定止损策略以控制风险。

6. **具体操作建议**
- **短期策略:** 若股价突破$120，下方止损设置在$113；涨幅目标可以设定在$130附近。
- **长期投资:** 若看好NVIDIA在AI及数据中心市场的潜力，可以分批入场，理想价格在$110~$115，以降低平均买入成本。

总结
NVIDIA在技术与基本面上均表现出色，但短期内需谨慎应对。

从上面的回复可以看出，该Agent能够准确而详细地分析出股票的技术指标和市场趋势等，并给出具体的操作建议。

Dify 除了调用网上插件，还支持上传本地文件作为上下文，可以通过知识库来导入。

为了避免多次配置，我们可以单击右上角的"发布"下拉按钮，选择"运行"，如图 8.32 所示。

图 8.32　发布 Agent

系统将自动跳转至专用对话界面。此时会自动打开新浏览器窗口，你可以直接在该窗口内与股票分析 Agent 进行实时交互，如图 8.33 所示。

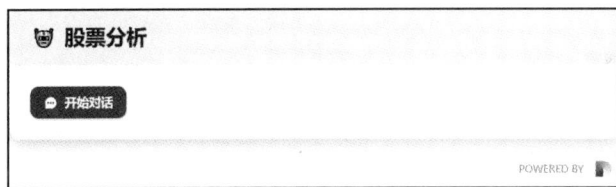

图 8.33　股票分析 Agent

除了对话方式，Dify 还支持 API 定制，在设计好自己的 Agent 后，我们可以通过 Agent API 协议来调用 Agent 的 API。

示例 8.7　Agent API 协议

```
curl -X POST 'https://api.dify.ai/v1/chat-messages' \
--header 'Authorization: Bearer {api_key}' \
--header 'Content-Type: application/json' \
--data-raw '{
    "inputs": {},
    "query": "",
    "response_mode": "streaming",
    "conversation_id": "NVIDA 股票最近怎么样？",
    "user": "abc-123",
    "files": [
      {
        "type": "image",
        "transfer_method": "remote_url",
```

```
        "url": "https://cloud.dify.ai/logo/logo-site.png"
      }
    ]
  }'
```

这给了 AI Agent 更多的灵活性，用户可以根据需求将其集成到自己的系统里面，甚至直接和硬件交互。

2. 构建股票分析工作流

除了以上股票分析 Agent，我们还可以构造更复杂的工作流。下面我们将以对比两支股票为例，详细阐述具体的步骤。

在创建应用时，选择"工作流"，填写对应的"应用名称"和"描述"，单击"创建"按钮，如图 8.34 所示。

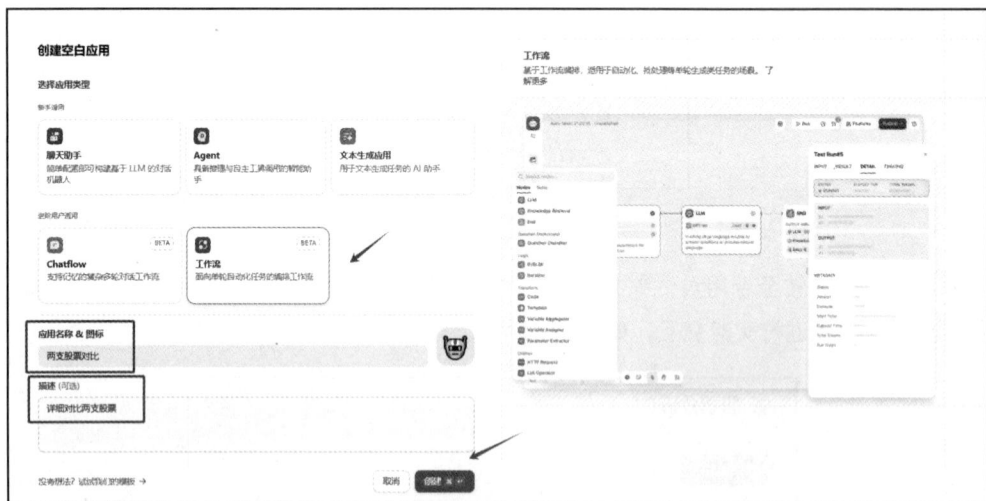

图 8.34　创建工作流

单击"开始"节点后，在界面右侧通过单击"+"按钮来添加输入字段，如图 8.35 所示。由于我们需要对比两支股票，因此我们需要三个参数。

图 8.35　添加输入字段

stock1：股票代码1，如 NVDA。

stock2：股票代码2，如 MSFT。

query：问题。

对于每一个变量，可以设置字段类型、最大长度、显示名称、是否必填等，如图 8.36 所示。

图 8.36　编辑变量

"开始"节点配置完成后，单击节点右侧的蓝色"+"按钮，选择它的下一个节点为"LLM"，如图 8.37 所示。

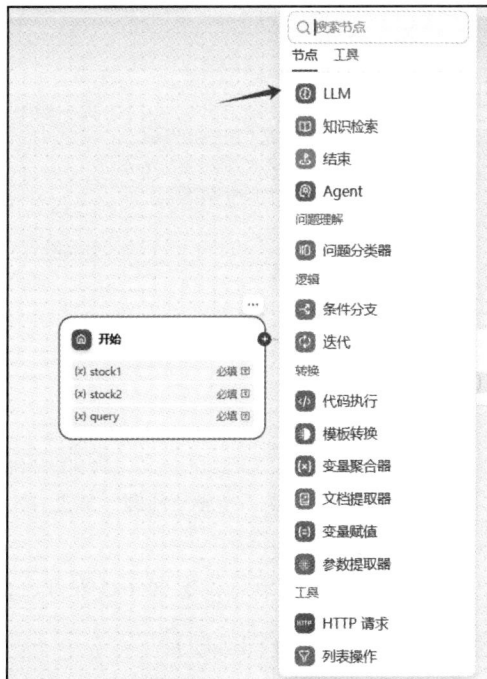

图 8.37　下一个节点

单击"LLM"节点，做出以下修改。

（1）修改节名名称为"判断是不是股票问题"。

（2）将模型改为"deepseek-chat"。

（3）将上下文改为"query"。

（4）修改提示词如下。

示例 8.8　判断是不是股票问题的提示词

直接判断{{#1741240496754.query#}}}是不是和股票有关。

如果是，那么输出"yes"。

如果不是，那么输出"no"。

不要有任何其他输出。

该节点主要通过大模型判断用户的问题是不是和股票有关，输出变量为 text，如图 8.38 所示。

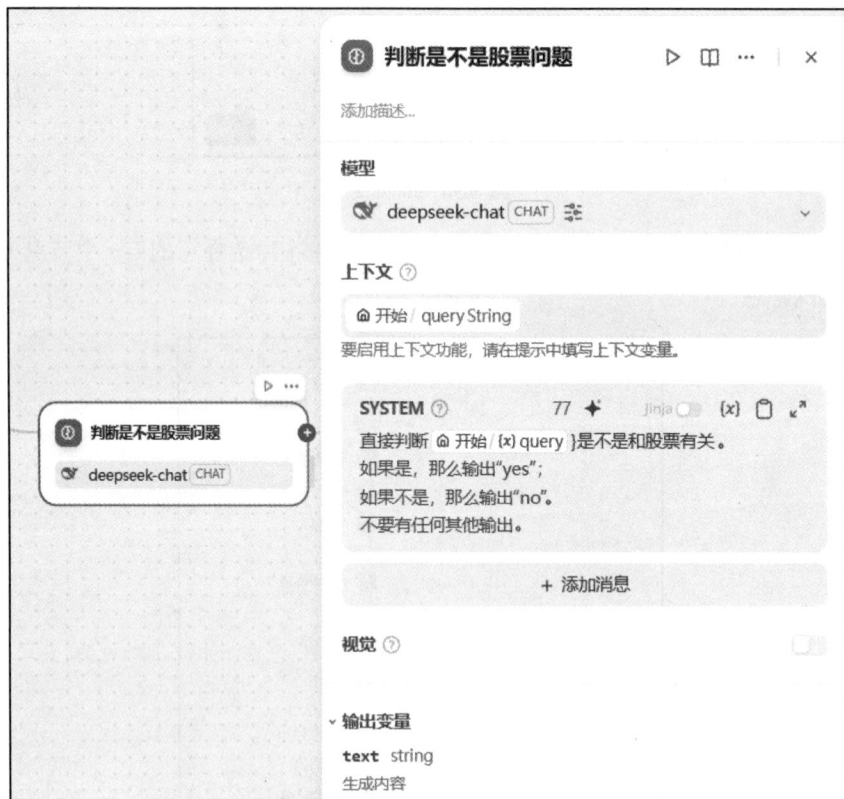

图 8.38　"判断是不是股票问题"节点

接着在该节点后面接一个"条件分支"节点，根据 text 来分流，如图 8.39 所示。

1. 对于非股票问题（条件分支中的 ELSE）

后面再接一个 LLM 节点，节点名称为"回复"，提示词如下。

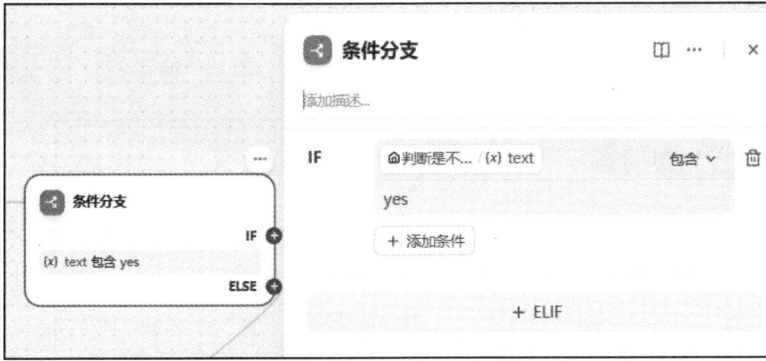

图 8.39 "条件分支"节点

示例 8.9　回复提示词

回复用户"我是一个股票对比助手，请询问与股票相关的问题"。

同样，输出变量为 text，如图 8.40 所示。

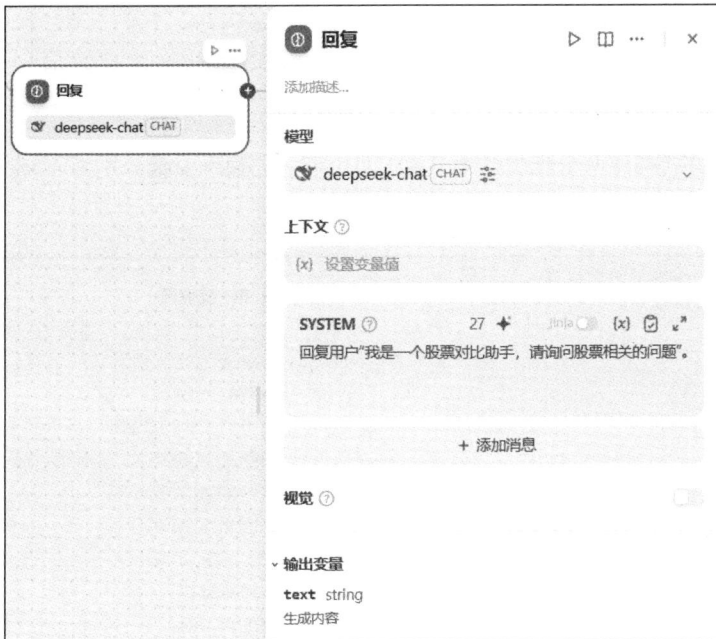

图 8.40 "回复"节点

最后在"回复"节点后接一个"结束 2"节点，将上面的 text 作为输出变量，如图 8.41 所示。

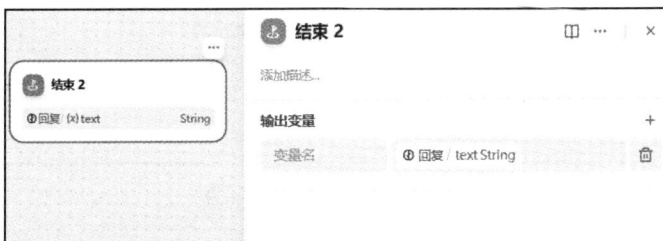

图 8.41　输出 text

2. 对于股票问题（条件分支中的 IF）

在"条件分支"节点后添加节点，选择"工具"选项卡中的"雅虎财经"，如图 8.42 所示。

图 8.42　选择"雅虎财经"

按照上面的方式构建两个雅虎财经节点，两个节点的输入变量分别为 stock1 和 stock2，输出变量均为 text，如图 8.43 所示。

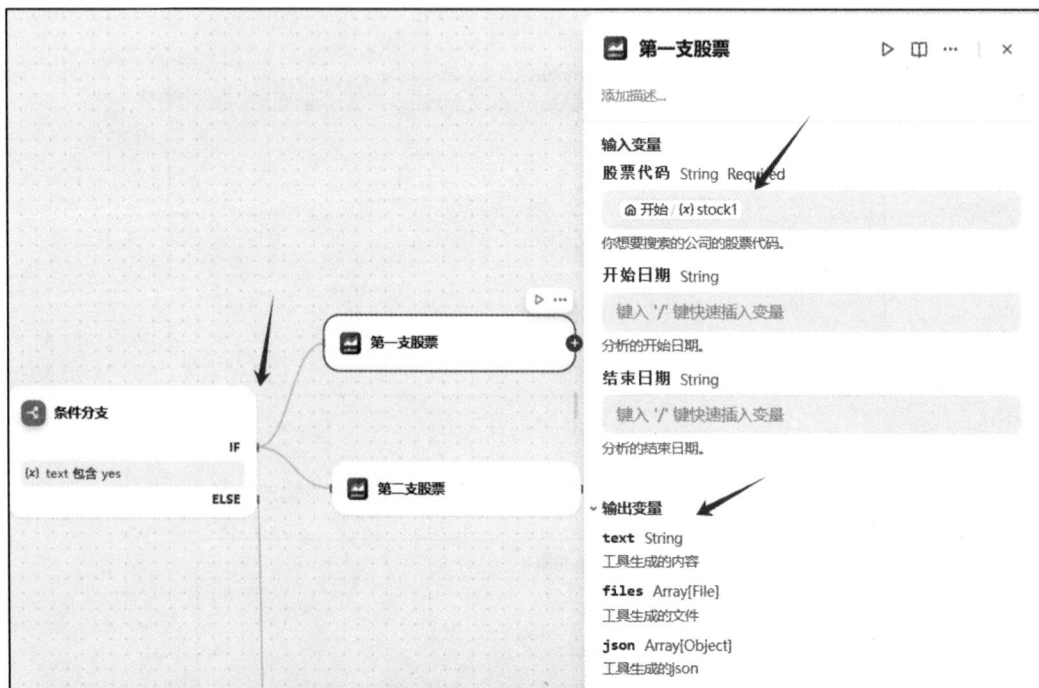

图 8.43　雅虎财经节点配置

随后将两个雅虎财经节点汇总到一个 LLM 节点，节点名称为"总结分析"，选择"deepseek-chat"模型，填写提示词，如图8.44所示。该节点的输出为text。

图8.44 "总结分析"节点

示例8.10 总结分析提示词

你是一个股票分析专家，现在有{{#stock1#}} {{#text#}}}和{{#stock2#}} {{#text#}}两支股票信息，请比较这两支股票，给出分析结果。

最后在"总结分析"节点后添加一个"结束2"节点，输出text，如图8.45所示。

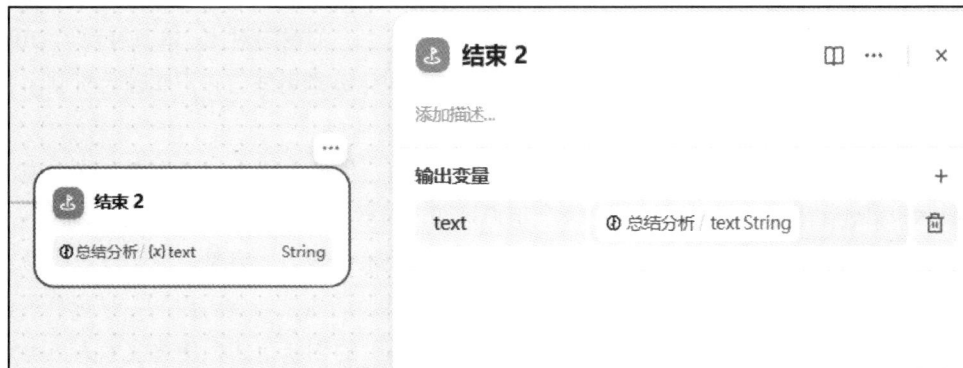

图8.45 "结束2"节点

至此，工作流配置完毕。完整的股票分析工作流如图8.46所示，单击右上方的"运行"按钮，就可以进行对话了。

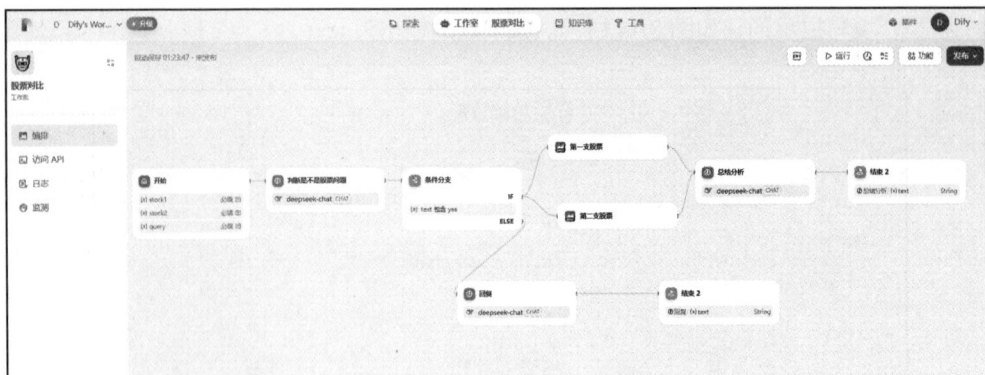

图 8.46　完整的股票分析工作流

> **说明**
> 工作流除了和 AI Agent 一样支持生成定制的网站和 API，还可以进行批量处理。

综上所述，通过在 Dify 中定制 AI Agent 或工作流的方式，用户可以方便地实现业务流程的自动化、提升工作效率并降低运营成本，同时满足个性化的服务需求。借助这一灵活高效的智能工具，无论是企业还是个人，都能在数字化转型的过程中获得强有力的支持，不断推动创新与持续发展。

8.3　小结

本章系统剖析了 Dify 驱动的 AI Agent 技术体系及其在智能工作流构建中的创新价值，揭示了智能代理技术对未来生产力模式的深远影响。

在 AI Agent 全景解析中，我们以智能决策与自主学习为核心，重新定义了 AI Agent 作为数字时代"智能员工"的角色内涵。通过对当前智能代理生态的横向对比，本章展现了 Dify 在降低开发门槛、跨场景适配等方面的突破性优势，其可视化编排引擎与知识库融合机制为各行业提供了"开箱即用"的智能升级解决方案。

在实战应用层面，Dify 展现出强大的场景赋能能力：平台内置的"工作室"通过模块化封装技术，实现了业务经验的数字化传承，用户可通过参数调整快速部署个性化智能系统；而股票分析系统案例则验证了 Dify 在复杂业务场景中的技术穿透力，完整呈现了低代码开发框架下智能代理的端到端落地路径。

Dify 正在重塑人机协作的边界，其"智能体即服务"的创新范式，使非技术人员也能构建专业级 AI 应用。这种技术民主化进程不仅加速了企业智能化转型，更催生出人机共生的新型工作生态。随着 Dify 生态的持续进化，智能代理必将渗透至更多垂直领域，成为组织数字化转型的核心驱动力。